农业生态实用技术丛书

# 农业生态
## 节肥技术

NONGYE SHENGTAI JIEFEI JISHU

农业农村部农业生态与资源保护总站　组编

贾小红　等　编著

中国农业出版社

北　京

## 图书在版编目（CIP）数据

农业生态节肥技术/贾小红等编著.—北京：中国农业出版社，2020.5
（农业生态实用技术丛书）
ISBN 978-7-109-24912-7

Ⅰ.①农… Ⅱ.①贾… Ⅲ.①施肥-技术 Ⅳ.①S147.2

中国版本图书馆CIP数据核字（2018）第265214号

---

中国农业出版社出版
地址：北京市朝阳区麦子店街18号楼
邮编：100125
责任编辑：张德君 李 晶 司雪飞 文字编辑：史佳丽
版式设计：韩小丽 责任校对：沙凯霖
印刷：北京通州皇家印刷厂
版次：2020年5月第1版
印次：2020年5月北京第1次印刷
发行：新华书店北京发行所
开本：880mm×1230mm 1/32
印张：8.5
字数：170千字
定价：68.00元

---

# 本书编写人员

主　　编　　贾小红

参编人员　　于跃跃　　任艳萍　　王　睿

　　　　　　伍　卫　　陈　清　　封涌涛

　　　　　　樊晓刚　　郭李萍　　郭　宁

　　　　　　金　强　　李　萍　　梁金凤

　　　　　　刘自飞　　吴文强　　云安萍

　　　　　　闫　实　　颜　芳　　张成军

　　　　　　张世文　　张　蕾　　张雪莲

　　　　　　张彩月

# 序

　　中共十八大站在历史和全局的战略高度，把生态文明建设纳入中国特色社会主义事业"五位一体"总体布局，提出了创新、协调、绿色、开放、共享的发展理念。习近平总书记指出："走向生态文明新时代，建设美丽中国，是实现中华民族伟大复兴的中国梦的重要内容。"中共中央、国务院印发的《关于加快推进生态文明建设的意见》和《生态文明体制改革总体方案》，明确提出了要协同推进农业现代化和绿色化。建设生态文明，走绿色发展之路，已经成为现代农业发展的必由之路。

　　推进农业生态文明建设，是贯彻落实习近平总书记生态文明思想的必然要求。农作物就是绿色生命，农业本身具有"绿色"属性，农业生产过程就是依靠绿色植物的光合固碳功能，把太阳能转化为生物能的绿色过程，现代化的农业必然是生态和谐、资源可持续、环境友好的农业。发展生态农业可以实现粮食安全、资源高效、环境保护协同的可持续发展目标，有效减少温室气体排放，增加碳汇，为美丽中国提供"生态屏障"，为子孙后代留下"绿水青山"。同时，农业生态文明建设也可推进多功能农业的发展，为城市居民提供观光、休闲、体验场所，促进全社会共享农业绿色发展成果。

农业生态文明思想起源于古老的中国，中国自春秋时期就懂得用地养地的道理以及物理杀虫、人工除草等做法。农牧结合、稻田养鱼、桑基鱼塘等农业生态模式在历史上曾经极大推动了文明和经济的发展。当前，我国农业生态文明建设已进入提供更多优质生态产品以满足人民日益增长的优美生态环境需求的攻坚期，也到了有条件、有能力发展环境友好农业的窗口期。多年来，从事农业生态研究的学者和实践者扎根农业生产一线，按"整体、协调、循环、再生"的原则，围绕农业生态文明建设开展了广泛、系统的实践和研究，探索总结出了丰富多样的应用技术。

为推广农业生态技术，推动形成可持续的农业绿色发展模式，从2016年开始，农业农村部农业生态与资源保护总站联合中国农业出版社，组织数十位业内权威专家，从资源节约、污染防治、废弃物循环利用、生态种养、生态景观构建等方面，多角度、多要素、多层次对农业生态实用技术开展梳理、总结和归纳，系统构建了农业生态知识体系，编写形成了《农业生态实用技术丛书》。丛书中的技术实用、文字简洁、步骤详尽、脉络清晰，技术可推广、模式可复制、经验可借鉴，具有很强的指导性和适用性，将为广大农民朋友、农业技术推广人员、管理人员、科研人员开展农业生态文明建设和研究提供很好的参考。

2020年4月

# ‖ 前言

　　党的十九大明确中国特色社会主义进入新时代，我国社会主要矛盾转化为"人民日前增长的美好生活需要和不平衡不充分的发展之间的矛盾"。十九大报告明确指出："建设生态文明是中华民族永续发展的千年大计。必须树立和践行绿水青山就是金山银山的理念，坚持节约资源和保护环境的基本国策，像对待生命一样对待生态环境，统筹山水林田湖草系统治理，实行最严格的生态环境保护制度，形成绿色发展方式和生活方式，坚定走生产发展、生活富裕、生态良好的文明发展道路，建设美丽中国，为人民创造良好生产生活环境，为全球生态安全作出贡献。"十九大报告也明确指出要"加强农业面源污染防治"。

　　化肥投入极大地促进了我国作物的增产，随着农业生产的发展，对化肥的消费也不断增加。目前，我国已经成为世界上最大的化肥生产国，而且也是世界上最大的化肥消费国。我国的化肥施用强度已达到世界平均水平的1.6倍以上，种植业中化肥的大量使用也引起了土壤、水体、河流、湖泊、海湾和大气环境质量的衰退，农业的面源污染已经成为我国水污染的主要根源和空气污染的重要来源。我国每年在粮食和蔬菜作物上施用的氮肥，大约流失17.4万吨，而其中接近50%的氮肥从农田流入长江、黄河和珠江。为了加大农业面源污染防治力度，2016年，农业部在全国实施了"化肥农药零增长行动"；2017年，农业部在全国启动了关于实施农业绿色发展的五大行动，其中与面源污染控制有关的有"畜禽粪污资源化利用行动、果菜茶有机肥替代化肥行动、东北地区秸秆处理行动、农膜回收行动"。

本书内容包括低碳农业节肥技术、综合管理养分资源、种养结合技术、秸秆还田技术、果树修剪物就地粉碎堆肥还田技术、蚯蚓处理废弃物技术、堆肥茶加工使用技术、有机肥定量施用技术、多作种植高效节肥技术、绿肥种植及利用技术、测土配方施肥技术、氮肥合理施用技术、磷肥合理施用技术、生物肥施用技术、果树生态平衡施肥技术、肥料安全控制技术等，系统介绍了节肥的理念与节肥技术措施，内容实用，文字通俗易懂。本书的出版有助于指导农民科学合理施肥，有利于提高肥料利用率、保护农业生态环境。

由于作者水平有限，书中难免存在疏漏与不足，敬请广大读者批评指正。

贾小红

2019年6月

# 目录

# 一、掌握固碳减排技术，实现农业低碳生产

当太阳辐射到达地表，地表受热后向外释放的热辐射绝大部分被大气中的温室气体（主要是二氧化碳、氧化亚氮和甲烷）吸收，造成地表和低层大气的温度升高，产生温室效应（图1）。人类活动每年向大气中排入大量温室气体，致使温室效应越来越明显，引发如全球变暖、海平面上升、可用淡水资源减少和大量陆地被淹等环境问题。为了控制温室气体带来的环境问题，2015年12月12日，《联合国气候变化框架公约》近200个缔约方一致同意通过《巴黎协定》，减少温室气体排放，控制地表温度升高。我国也对世界公开了资源减排承诺，到2020年二氧化碳排放比2005年下降40%～45%，到2030年二氧化碳排放比2005年降低60%～65%。农业生产活动是温室气体的排放源之一，为了实现减排目标，世界各国都在提倡发展低碳农业。本文主要介绍低碳农业基本知识及其在土壤管理与施肥中的主要减排措施，引导农民朋友发展低碳农业，为减排做贡献。

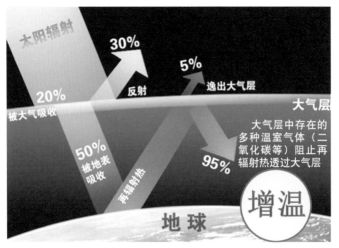

图1　温室效应示意

## （一）低碳农业

农业生产（旱地、稻田种植与牲畜养殖）不可避免地向大气中排放温室气体，所以以温室气体减排或低排为目的的农业统称为低碳农业。我国农业排放的温室气体占温室气体总排放量的11%，其中50%以上的甲烷和氧化亚氮排放来自农业活动。低碳农业就是通过各种合理的农作措施以减少温室气体排放、增加碳固定，同时增加农村可再生能源（太阳能、风能、水能、生物质能源等）的利用，减少对传统能源（煤、石油、天然气等）的消耗，提高能源利用效率。

低碳农业中提到的减少温室气体排放，在旱地体现为主要减少排放氧化亚氮和二氧化碳，稻田则主要减少排放甲烷和二氧化碳，同时增加土壤的碳固定。

低碳农业的技术措施见表1。

表1 农业生产中有效的温室气体减排措施

| 旱地氧化亚氮减排 | 稻田甲烷减排 | 二氧化碳减排 | 土壤固碳 |
|---|---|---|---|
| 避免氮肥过量 | 减少淹水 | 少耕、免耕 | 秸秆还田 |
| 改变施肥方式 | 添加甲烷抑制剂 | 机械作业尽量一次完成 | 施用有机肥 |
| 选择肥料类型 | 选择高产低排品种 | 使用可再生能源 | |
| 少量分次施肥 | 稻鱼鸭共作 | | |
| 添加硝化抑制剂 | | | |

## （二）低碳农业减少温室气体排放的主要措施

### 1.旱地氧化亚氮的减排技术

农业生产中，氧化亚氮减排的主要技术措施见图2，具体内容可总结为以下几个要点。

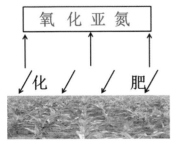

氧化亚氮减排要诀

氧化亚氮要减排，旱地争当排头兵
一要肥料施得准，氮肥用量勿过量
二改氮肥施用法，深施优于表层施
三改速效变长效，有机无机配合好
四调肥料追次数，长效一次速效多
五添硝化抑制剂，减排立杆就见影

图2 氧化亚氮减排要诀

一要肥料施得准。过量施用氮肥会增加土壤氧化亚氮排放，应根据作物需肥规律、土壤供肥能力确定氮肥的合理用量，防止过量施用氮肥。水稻、玉米和小麦是我国三大粮食作物，一般情况下，氮肥（纯养分）用量每亩<sup>*</sup>为12～15千克比较适宜，基肥和追肥各1/2。如有条件，可以取土壤样品进行化验，根据土样测定结果和目标产量调整氮肥用量。

二改氮肥施用法。氮肥是农业生产中使用最多的肥料，常规施肥方法是表施或撒施。尿素、硫酸铵等速效性氮肥如果这样施用，很容易转化成氨气挥发到空气中；而且通过土壤微生物转化成氧化亚氮，既降低了肥效，又增加了温室气体排放。为了减少这种损失，施基肥时可以结合耕地，通过机械作业将肥料翻入土壤，做到沟施、条施后覆土，即可减少其排放。

三改速效变长效，有机无机配合好。目前，常用的氮肥如尿素、硫酸铵、硝酸铵等肥料都属于速效肥，在施肥后的较短时间内容易引起大量的氧化亚氮的排放，不能被作物吸收利用，造成肥料损失、肥效降低。如果改用硫包衣尿素、树脂包衣尿素、缓效无机肥、长效碳酸氢铵等长效缓释氮肥，可以有效减少氮素的损失，也比较符合作物持续吸收养分的需求。将部分氮肥用有机肥替代，化肥和有机肥的配合施用，也有利于减少速效氮肥中的氮素损失，显著减少农田氧化亚氮的排放。

四调肥料追次数。如果农田用肥是速效肥料如尿

---

* 亩为非法定计量单位，15亩＝1公顷。

素、硫酸铵等，为了减少养分损失，可以保持肥料用量不变，采用少量多次的施肥方法，选择在作物需肥的关键时期少量多次施用。若用长效肥，则可以一次施用，因为其养分是逐渐释放的，不会在较短时间内损失。

五添硝化抑制剂。在氮肥中加入硝化抑制剂和脲酶抑制剂，可以抑制或延缓铵态氮肥产生氧化亚氮气体，使用硝化抑制剂有用量少、效果好的特点。以硝化抑制剂双氰胺为例，添加量是氮肥用量的5%；脲酶抑制剂用量则更低，为尿素用量的0.5% ~ 1.0%。

### 2.稻田甲烷的减排技术

土壤中的有机物在淹水条件下厌氧分解会产生甲烷，而稻田是甲烷的主要排放源。为了有效降低稻田甲烷排放（图3），可以从以下几方面减排。

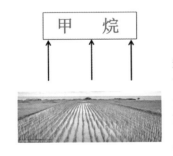

甲 烷

稻田甲烷减排要诀

稻田甲烷要减排，多种方法选一选
一要选对可用肥，新鲜秸秆不能用
二要管理田中水，长期淹水不可用
三选水稻新品种，植株传氧效果好
四添甲烷抑制剂，减排同时产量增
五选稻鱼鸭共生，减排环保又创收

图3　稻田甲烷减排要诀

一要选对可用肥。水稻生长过程中可以施用有机肥，但需注意：一是尽量避免施用新鲜秸秆；二是不能施用未腐熟的有机肥。秸秆、农家肥等未腐熟的有机物要经过堆肥发酵为腐熟有机肥才能施用或经过沼气池厌氧发酵后施用其沼液、沼渣。将新鲜物料或有机肥腐熟后再投入稻田，能够大量减少甲烷的排放。单独施用有机肥比单独施用化肥会产生更多的甲烷，而长年单施化肥对土壤和环境有负面影响，因此化肥和有机肥配合施用效果更好。

二要管理田中水。在水稻生长期间，如果长期淹水，土壤中氧气少，容易产生较多甲烷，所以要尽量坚持采用间歇灌溉或使淹水层变薄的原则。许多水田，可以通过改成水旱轮作田或半旱式垄作田来减排甲烷。

三选水稻新品种。选择产量高、甲烷排放量低的水稻品种，这样的品种通过植株通气组织向土壤输送氧的能力较强，有助于实现稻田甲烷高效减排。杂交稻在这方面比较有优势，可在购置稻种时加以关注。

四添甲烷抑制剂。甲烷抑制剂包括肥料型甲烷抑制剂和农药型甲烷抑制剂，在水稻生产中使用，既能降低甲烷排放，又能增加水稻产量，是较好的增效减排措施。

五选稻鱼鸭共生。稻鱼鸭共生，就是指在种稻的同时，在水中放养鱼苗、鸭苗或两种同时放养，这种方式已有上千年的历史。不使用化学农药，鱼、鸭食用稻田的害虫与杂草，同时排泄物肥地并为水稻提供养分，属于小型的生态农业系统。另外，可以显著减少甲烷排放，增加农民收入和保护周边环境。若单独放养鸭，每亩稻田以15只为佳。

### 3.农业二氧化碳的减排技术

农业二氧化碳主要来自土壤中有机物在微生物作用下的分解排放和农用机械消耗柴油及灌溉用电的排放这几个方面，所以分别从这几方面来叙述农业二氧化碳的减排措施（图4）。

二氧化碳减排要诀

二氧化碳来减排，咱把耕作改一改
少耕免耕能减排，机械作业一次成
农业用电多来源，省能源来又省钱

免耕播种机　　　　　　　　施肥播种一体机

图4　二氧化碳减排要诀

（1）保护性耕作的推广。耕作活动将土壤中的有机质暴露在空气中，加速了土壤有机质的氧化分解。因此，有条件的地方，尽量提倡保护性耕作，推荐少耕和免耕技术，通过减少耕作和土壤扰动降低土壤有机质的分解，达到减少二氧化碳排放的目的。

（2）机械作业一次完成。常用的农业机械包括翻耕机、旋耕机、深松机、播种机、施肥机、收割机、秸秆粉碎机、翻压机等，不同机械分次进入农田不仅增加土壤有机质暴露在空气中的机会，燃油消耗也会排放二氧化碳；而且机械多次进田也会把土壤压实，对作物生长有影响。为了减少土壤碳排放、降低农机能源消耗和避免土壤板结，尽量安排机械一次完成作业。市场上已有集多功能于一体的农机，如施肥播种一体机、免耕播种机等，可以减少农机进田作业次数。

（3）农业用电多来源。减少使用传统能源（煤、石油、天然气）产生的电量，增加可再生能源发电的利用。如在太阳能、风能、水能充足的地方建立相应的发电站；利用生物质能源发电，如利用农林废弃物发电、垃圾发电和沼气发电等。农业活动（如灌溉、抽水）中使用清洁能源，同样对二氧化碳减排有积极贡献。

## （三）土壤碳汇增加技术

增加有机碳在土壤中的固存，就是增加土壤碳汇，也称土壤固碳，是将原本可能排放到大气中的有机碳，通过一定措施保存在土壤中，减少有机碳转化为二氧化碳的机会，减排二氧化碳的同时实现土壤有机碳的固存。目前，可以直接有效实现土壤固碳的方法见图5，主要技术内容如下。

图5　土壤碳汇增加要诀

### 1.秸秆还田

秸秆中含有大量的碳，将其还田到土壤中，可避免焚烧后直接排放到大气中。秸秆还田是科学有效增加土壤碳汇的方法，既能帮助土壤保墒，又能直接增加土壤有机碳源。另外，秸秆中的一些养分还能被作物再次吸收，一举多得。但需注意一个问题，稻田应尽量避免将新鲜秸秆直接还田，秸秆需要经过腐熟后才可还田。旱地秸秆就地还田要注意氮的补充，避免秸秆在分解过程中与下茬作物争氮。

### 2.施有机肥

长年施用有机肥，可以直接增加土壤有机碳，使土壤碳库增加。有机肥含有大量的氮磷钾等养分，能被作物吸收；能改善土壤性状，使得施入的化肥的肥效得到改善，如增加氮肥在土壤中的临时保存、减少其快速损失。施用有机肥是提高地力、改善土壤性状、直接增加土壤固碳、促进作物生长和减少氮肥用量的一举多得的措施，值得大力推广。

低碳农业就是以减少温室气体排放为目的，以减少氧化亚氮、甲烷和二氧化碳排放及增加土壤碳汇为手段，并尽可能地减少传统能源消耗，实现农业的低能耗、低排放和高碳汇。

旱地主要调节肥料用量、施肥方式、肥料类型、施肥次数等来实现氧化亚氮的减排；稻田通过管理土壤水分、施肥种类、水稻品种和采用稻鱼鸭共生等手段来减少稻田甲烷的排放；农田可通过少耕、免耕，减少农机作业次数等实现土壤二氧化碳的减排；秸秆还田和有机肥的施用是增加土壤碳汇的有效手段。

上述各种减排方法既可单独使用，也可选择多种组合使用，如有机肥和化肥的配合，肥料种类选择、改进施肥方法、秸秆还田和多种耕作方式集成等都可以组合使用，会产生不同的效果，并且高产高效。欢迎农民朋友们多加实践，找出适合自己的经济实惠型农业减排技术，促进低碳农业发展。

# 二、综合管理养分资源，实现农业高产高效环保

党的十九大报告已确立了我国农业要走加强农业面源污染防治的绿色发展之路。农业生产既需要输入大量养分，同时也向环境输出大量养分。化肥投入极大地促进了我国作物的增产，但也产生许多环境问题。养分资源具有多样性、变异性、相对有限性、流动循环性及流动开放性和社会性等多种特性，科学管理养分资源是绿色发展的重要保证。养分资源综合管理就是从田块到区域采用各种手段，调控养分资源的利用，实现提高农业产量、改善农产品品质、减少污染排放、改善环境质量等目标。养分资源综合管理不仅成为农业生产管理的重要手段，而且也是环境管理的重要抓手，是农业可持续发展的重要保证。本文主要介绍养分资源综合管理的基础知识与主要技术内容，有助于农民朋友在农业生产中科学管理养分资源，实现作物高产、优质、高效，同时保护农业生态环境。

## （一）养分资源综合管理基本知识

### 1.养分与养分资源

养分是支撑人类、植物、动物和微生物生长发育所必需的营养物质，包括人类生长所需的蛋白质、糖类、维生素等，动物所需的饲料，植物所需的氮磷钾大量元素、钙镁硫等中量元素和铁铜锌锰硼钼等微量元素肥料。

养分资源包括可以供人类食用的食物资源、可以提供给动物饲料的资源、为作物生长提供养分的资源。

### 2.养分资源综合管理

在农田生产层面，养分资源综合管理就是从农业生态系统理论的观点出发，协调农业生态系统中养分投入与产出平衡，调节养分循环与利用强度，实现养分资源高效利用，使生产、生态、环境和经济得到协调发展。养分资源综合管理既是一种科学观念，也是一项实用技术。

人类对食物的需求驱动着养分在食物链流动与循环（图6）。为了满足人类的食物需求，需要更多的植物与动物产品，为了生产更多动植物产品，需要投入更多的化肥，而化肥的生产又需要消耗资源。养分在食物链流动关乎着资源和生态环境安全，从长远发展考虑，也需要食物链养分管理。

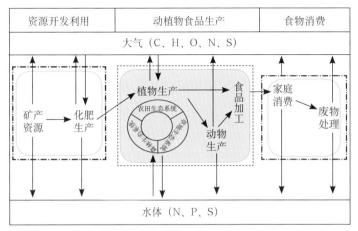

图6　食物链养分流动的一般模式（摘自张福锁著作）

食物链养分管理是从一个特定区域的食物生产和消费系统出发，把养分看作资源，以养分资源的流动规律为基础，通过政策、经济、技术等多种措施，优化食物链及其与环境系统的养分流动，调控养分的输入和输出，协调养分与社会、经济、农业、资源和环境的关系，实现生产力逐步提高和环境友好的目标。

### 3.养分资源的特性

养分资源具有作为资源的所有属性，但又具有其特殊性。养分资源含有作物生长所需的养分，有利用价值；同时也是潜在的环境污染因子，利用不当会污染环境。养分资源还具有多样性、变异性、相对有限性、流动循环性及流动开放性和社会性等多种特性。养分资源具有很强的移动性，如在土壤、植物、大气、水等系统间广泛移动，同时又受人类活动广泛影响。如何保持养分资源的合理移动是维持农业可持续发展的关键。

## （二）养分资源综合管理的必要性与目标

### 1.养分资源综合管理的必要性

近年来，由于人们对农田养分资源认识和实践的片面性：只重视化肥投入而忽视其他养分资源利用，只注意养分对作物的单向作用而忽视了养分的双重性，只追求经济目标而忽视环境目标，因而出现化肥用量过大造成的肥效偏低、养分配比失调和肥料品种结构不合理、地区和作物之间养分的不均衡投入等问题，严重制约了养分资源的有效利用，降低了耕地生产力，同时对生态环境和食品安全产生了不利影响。因此，改进传统施肥模式，使之成为以高产、优质、环境友好和资源高效利用为目标、以合理施肥与相关技术集成为手段的养分资源综合管理模式并指导施肥实践具有重要的现实意义。

### 2.养分资源综合管理的目标

养分资源综合管理的目标是综合利用各种植物养分，使产量的维持或增长建立在养分资源高效利用与环境友好的基础上。养分资源综合管理的内容是从农业生态系统的观点出发，协调农业生态系统中养分投入与产出平衡，调节养分循环与利用强度，实现养分资源高效利用，使生产、生态、环境和经济得到协调发展。养分资源综合管理的目标是多样的，包括提高农业产量、改善农产品品质、减少污染排放、改善环境质量等。随着该技术应用对象的变化，养分资源综合管理的目标也发生变化。

## （三）养分资源综合管理的措施

养分资源综合管理的对象可小到一块农田与一个农户，大到村、乡、县、省等不同区域。不同层次对象的管理目标、需要解决的主要问题也有所不同，因此所采取的管理措施也不同。

1.区域养分资源综合管理技术

针对一个区域，整体优化配制养分资源，使养分资源合理流动与高效利用，实现整个区域总体经济、生态效益最佳。从区域进行养分资源综合管理主要包括以下工作内容。

（1）调查掌握区域的各种养分资源及其特性。在农业生产中，向当地农业部门咨询了解所要管理区域的耕地面积及其土壤肥力、农业废弃物资源量及其利用情况、作物种植种类及其面积等数据，试验收集灌溉水和降水，检测其所能提供的养分数据，掌握资源数量、特性和利用状况，为养分资源综合管理提供数据支撑。

（2）合理配制区域的养分资源。根据土壤肥力情况、作物需肥规律、灌溉水和降水养分供应量，制订区域养分资源综合管理方案。制订方案的技术路线参考图7。在农业生产管理中，第一，充分考虑当地土壤能为各种作物生长所提供养分的情况，并通过选择科学的种植制度，采取科学耕作、施用生物肥、合理灌溉等措施调控土壤养分供应；第二，充分利用当地各种有机废弃物，将其加工成有机肥为作物提供养分；第三，在有机肥施用基础上，通过补充施用化肥满足作物生长对养分的大量需求，同时改进肥料品种、施用方式，提高化肥利用率。

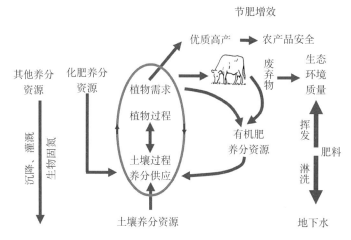

图7　养分资源综合管理技术路线

（3）采用政策、经济等措施实现养分资源合理配置。在充分计算区域内耕地承载畜禽养分能力基础上，规定区域内的养殖规模；对畜禽粪便、作物秸秆等养分资源的利用提出明确要求；制定政策鼓励种养结合、发展循环农业、施用对环境友好的肥料等，提高养分资源利用率，保护生态环境，维持农业可持续发展。

### 2.田块养分资源综合管理技术

针对一个田块，充分利用土壤养分资源、有机肥资源、化肥资源和环境中其他养分资源，促进具体地块的养分资源高效利用。田块（农田）养分管理是养分资源综合管理的基础，它强调多种技术的综合运用。农田养分资源综合管理要求综合运用以下技术。

（1）减少养分损失、高产、节水等农作技术。①免耕、梯田、覆盖、间作和生物固氮等能够改变田块的物理环境、改善土壤性质和结构、减少养分淋失和侵蚀损失的措施。②条施、深施、肥料表施盖土等减少养分损失的施肥技术。③高产栽培、节水等技术。

（2）合理施肥。①根据不同的土壤特性和养分状况合理施肥。例如：沙土地施肥应少量多次，浅施；黏土地基肥加大深施，沙壤土基肥、追肥用量可各占1/2；养分含量高的肥料，每次少施，养分含量低的肥料每次可多施。②根据不同作物的需肥特点及作物的不同生育时期合理施肥。如粮食作物、油料作物，除个别忌氯作物（如地瓜）外，大多都可用含氯肥料；而果树、蔬菜一般不要施用含氯肥料。③根据测土结果与作物需肥规律确定肥料合理用量，大力推广测土配方平衡施肥技术。平衡施肥是指在农业生产中，综合运用现代科学技术新成果，根据作物需肥规律、土壤供肥性能与肥料效应，制订一系列农艺措施，从而实现高产、高效，并维持土壤肥力，保护生态环境。

（3）选择合理的肥料品种与施用方法。①专用配方肥。配方肥是在测土配方施肥工程实施过程中研制开发的专用肥料，是复混肥料生产企业与土肥技术推广部门紧密配合，针对不同作物需肥规律、土壤养分含量及供肥性能制定专用配方进行生产的，可以有效调节和解决作物需肥与土壤供肥之间的矛盾，并有针对性地补充作物所需的营养元素，作物缺什么元素补充什么元素，需要多少补多少，将化肥用量控制在科学合理的范围内，实现了既能确保作物高产，又不会浪费肥料的目的。②商品有机肥。商品有机肥是以畜禽粪便、秸秆和蘑菇渣等富含有机质的资源为主要原材料，采用工厂化方式生产的有机肥料。与农家肥相比，其养分含量较高、质量稳定，特别是在生产过程中杀灭了寄生虫卵等有害微生物及杂草籽等杂物，可以大大减少病虫草害的传播。施用有机肥，可以提高土壤有机质含量，改善土壤物理性状，同时对提升农产品品质有一定效果。用于生产商品有机肥的原料主要有四类：一是鸡、牛、猪等禽畜的粪便，二是蘑菇等食用菌的菌渣，三是蚯蚓粪便，四是经脱水干化处理的沼渣。另外，还有个别企业利用污泥或生活垃圾等原料生产有机肥，但这类有机肥存在着安全隐患，违反《肥料登记管理办法》相关规定，农民朋友应自觉抵制使用，防止污染农田。③水溶肥。有条件的地块应推广使用水肥一体化技术，选用水溶肥。水溶肥是一种可以完全溶于水的多元复混肥料，能够迅速地溶解于水中，更容易被作物吸收，利用率相对较高，用于喷滴灌等设施农业，实现水肥一体化，达到省水省肥省工的效能。常规水溶肥含有作物生长所需的全部营养元素，如氮磷钾及各种微量元素等。施用时，可以根据作物生长的营养需求特点来设计配方，避免不必要的浪费；由于肥效快，还可以随时根据作物长势对肥料配方做出调整。④微量元素肥料。硼、锌、钼、铁、锰、铜等营养元素，作物需要量很少，但却不可缺少。当某种微量元素缺乏时，作物生长发育会受到明显的影响，产量降低，品质下降；过多施用又会使作物中毒，轻则影响产量和品质，严重时甚至危及人畜健康。⑤新型肥料。所谓新型肥料应该是有别于传统的、常规的肥料，包括微生物菌剂、复合微生物肥料、秸秆腐熟剂、缓控释肥料、叶面肥、生物有机肥等。各种新型肥料有其独特功能，合理选择使用这些肥料，可以弥补常规肥料的不足，有利于提高肥料利用率、保护生态环境。

# 三、走种养结合之路，促循环农业发展

　　种养结合是指种植业和养殖业相结合的循环农业生产模式。该模式是以一个地区的农业生产资源条件为依托，充分发挥种植业、养殖业各自的优势，实行养殖场和农田的合理布局，把养殖业产生的畜禽粪便经无害化处理后加工成有机肥，实现充分利用区域内有机肥资源，减少化肥的施用量，形成种养一体化的生态农业综合经营体系，提高农业生态系统的综合生产力水平，增加农民收入。随着种植养殖相结合的不断加强与完善，将不断提高农业生态系统的自我调节能力，最终达到经济、生态、社会效益的高度统一，有利于农业持续、稳定地发展。本文主要介绍畜禽粪便产生量的计算办法、畜禽粪便储存办法、畜禽粪便无害化肥料化利用技术模式、畜禽粪便农用需要配套的种植面积计算等内容，为种植业与养殖业结合提供理论依据。

## （一）畜禽粪便基础知识

畜禽养殖产生的粪便富含有机质及氮磷钾等养分，合理应用可以提高土壤肥力，改善土壤结构，增强土壤持续生产能力；但长期过量施用也会造成土壤磷钾和重金属元素的富集，破坏土壤环境，影响植物生长。因此，了解畜禽粪便的特性是做好种养结合的基础。

### 1.畜禽粪便的特性

各种畜禽粪便有不同的物理性状和化学性质。常见的几种主要畜禽粪便的特性分述如下。

（1）牛粪特性。牛是反刍动物，因而牛粪的质地较细。牛饮水较多，牛粪中含水量较高。牛粪中有机质部分较难分解，腐熟较慢，发酵温度低，一般称为冷性肥料。

（2）猪粪特性。猪粪质地较细，含有较多的有机质和氮磷钾养分；但速效养分含量并不高，经过分解后可形成大量腐殖质，对提高土壤肥力有良好的作用。

（3）禽粪特性。禽粪是鸡、鸭、鹅、鸽粪便的总称。家禽饲料组成比家畜的营养成分高，因禽类饮水少，其粪便中有机质和氮磷钾养分的含量都较高，还含有1%～2%氧化钙和其他中、微量元素。禽粪中的氮素以尿酸态为主，不能被作物直接吸收利用。禽粪是容易腐熟的有机物料，在堆肥过程中会产生高温，属于热性肥料。

### 2.粪便产生量的估算

常见粪便主要有固态和液态，两种粪便的产生量估算方法是不一样的，两种方法分别叙述如下。

（1）固态粪便产生量的估算。在我国，对于畜禽粪便排泄系数还没有一套比较成熟的核算标准。排泄系数单位为千克/（头或只·天），即每天每头动物排泄粪便的千克。表2列出了我国不同地区几种主要畜禽的粪便排泄系数，从表中可以查出华北地区一头产奶牛每天的粪便排泄量为32.86千克。

表2　畜禽养殖粪便量产污系数

单位：千克/（头或只·天）

| 地区 | 生猪 | | | 奶牛 | | 育肥牛 | 蛋鸡 | | 商品肉鸡 |
| --- | --- | --- | --- | --- | --- | --- | --- | --- | --- |
| | 保育 | 育肥 | 妊娠 | 育成牛 | 产奶牛 | | 育雏育成 | 产蛋鸡 | |
| 华北 | 1.04 | 1.81 | 2.04 | 14.83 | 32.86 | 15.01 | 0.08 | 0.17 | 0.12 |
| 东北 | 0.58 | 1.44 | 2.11 | 15.67 | 33.47 | 13.89 | 0.06 | 0.10 | 0.18 |
| 华东 | 0.54 | 1.12 | 1.58 | 15.09 | 31.60 | 14.80 | 0.07 | 0.15 | 0.22 |
| 中南 | 0.61 | 1.18 | 1.68 | 16.61 | 33.01 | 13.87 | 0.12 | 0.12 | 0.06 |
| 西南 | 0.47 | 1.34 | 1.41 | 15.09 | 31.60 | 12.10 | 0.12 | 0.12 | 0.06 |
| 西北 | 0.77 | 1.56 | 1.47 | 10.50 | 19.26 | 12.10 | 0.06 | 0.10 | 0.18 |

资料来源：畜禽养殖业产污系数与排污系数手册

对于一定时间内畜禽粪便产生量的估算，还需要知道所拥有的各种畜禽的数量和饲养的天数。首先，分别计算每种动物的排泄量，即排泄系数乘以动物数量再乘以饲养天数。然后，将每种动物计算的排泄量相加，就可以得到粪便的产生总量。计算公式（式1）如下。

$$W = \sum (K_i \times N_i \times D_i) \qquad (1)$$

式中：

$W$ 为粪便产生总量，千克；

$K_i$ 为不同地区不同饲养阶段的排泄系数，千克/（头或只·天）；

$N_i$ 为与 $K_i$ 对应的动物数量，头；

$D_i$ 为与 $N_i$ 对应的饲养天数，天。

例1：华北某行政区域内有一个9 000头生猪的养殖场，其中产子母猪300头，一般孕期为115天，年产2窝；保育猪4 400头，育肥猪4 300头，饲养天数均为90天，年出栏2批。另外，还有一个年产10万只肉鸡的养鸡场，饲养天数为50天，一年可出栏4批。计算该区域内年粪便产生总量。

第一步：确定生猪各阶段的排泄系数。从表2可以查得华北地区妊娠猪、保育猪和育肥猪的 $K_i$ 值分别为2.04、1.04和1.81，单位为千克/（头·天）。

第二步：用式1分别计算各饲养阶段的粪便产生量。

孕期 $W_1 = 2 \times 2.04 \times 300 \times 115 = 140\ 760$（千克）

保育期 $W_2 = 2 \times 1.04 \times 4\ 400 \times 90 = 823\ 680$（千克）

育肥期 $W_3 = 2 \times 1.81 \times 4\ 300 \times 90 = 1\ 400\ 940$（千克）

第三步：计算猪场的年产粪便量。

$W_p = W_1 + W_2 + W_3 = 140\ 760 + 823\ 680 + 1\ 400\ 940$
$= 2\ 365\ 380$（千克）

第四步：确定肉鸡的排泄系数。从表2可以查得

华北地区肉鸡的 $K_i$ 值为 0.12，单位为千克/（只·天）。

第五步：计算鸡场的年产粪便量。

$$W_c=0.12 \times 100\,000 \times 50=600\,000（千克）$$

第六步：计算区域内年产粪便总量。

$$W_t=W_p+W_c$$
$$=2\,365\,380+600\,000$$
$$=2\,965\,380（千克）$$

该区域内年产粪便总量为 2 965 380 千克。

（2）垫料量的估算。畜禽养殖中常会使用一些垫圈材料，垫料具有保温、防潮、吸收有害气体、提供舒适的饲养环境、保证畜禽清洁的作用。在畜禽养殖管理中，通常根据吸氨性、吸湿性、黏粪力这 3 个指标来衡量垫料的综合实用价值。垫料种类很多，垫料量的估算主要受可使用材料的种类、成本和特性表现的影响。有机和无机材料均可用作垫料。表 3 列出了畜禽养殖中常用的几种垫料及其容重。

表 3　常用垫料及其容重

单位：千克/米³

| 材料名称 | 容　重 | |
|---|---|---|
| | 松散的 | 剁碎的 |
| 豆科干草 | 69.7 | 105.3 |
| 非豆科干草 | 64.8 | 97.2 |
| 稻草 | 40.5 | 113.4 |
| 刨花 | 145.8 | |
| 锯末 | 194.4 | |
| 土壤 | 1 215.0 | |
| 沙子 | 1 701.0 | |
| 石灰 | 1 539.0 | |

垫料会与畜禽粪便混合在一起，而成为一种无法分离的混合物，增加了畜禽养殖废弃物的数量；有些垫料还可以提高废弃物的有机碳含量，如刨花等垫料。因此，准确估算垫料量对于畜禽粪便处理设施、储存设施容量设计是十分重要的。垫料用量的估算有两种方法，分别如下。

第一种方法：按1 000千克动物单位计算。

表4给出了奶牛养殖中垫料的使用数量，表示每1 000千克动物单位每天使用垫料的数量。

表4　每1 000千克奶牛垫料的需求量

单位：千克/天

| 材料 | 棚舍类型 | | |
| --- | --- | --- | --- |
| | 有柱棚 | 无柱棚 | 散养型 |
| 松散干草或稻草 | 5.4 | | 9.3 |
| 剁碎干草或稻草 | 5.7 | 2.7 | 11 |
| 刨花或锯末 | | 3.1 | |
| 沙子或石灰 | | 35 | |

估算一定期限内垫料使用量应使用下面的公式（式2）。

$$W_b = K \times N \times D \times BW/1\ 000 \qquad (2)$$

式中：

$W_b$ 为垫料量，千克；

$K$ 为1 000千克动物单位每天使用的垫料量，千克/天；

$N$ 为养殖场所拥有畜禽的数量，头或只；

$D$为天数，天；

$BW$为体重，千克/头。

例2：一个100头奶牛养殖场，使用锯末为垫料，奶牛体重为1 200千克，计算该养殖场180天使用垫料的总量。

第一步：从表4中查得锯末的单位使用量，即3.1千克/天。

第二步：将数据代入公式，计算垫料用量。

$$W_b=K \times M \times D \times BW/1\,000$$
$$=3.1 \times 100 \times 180 \times 1\,200/1\,000$$
$$=55\,800（千克）$$

奶牛废弃物质量是粪便和垫料两部分质量的总和，而容量是粪便容量与一半垫料容量的总和，因为仅有一半的垫料容量用于弥补其所占的空间。

第二种方法：一次性投入垫料的数量。

当垫料一次性投入，养殖中不进行补充和清理，只有在养殖结束后进行一次性清理。这种情况下，只要记录垫料的初始投入量即可。如肉鸡养殖中一般一年养殖3～6批，更换1～2次垫料，容纳2万只鸡的鸡舍大约使用10吨刨花的垫料，深度为10～12厘米。

（3）液态粪便产生量的估算。水冲式粪便收集系统运行成本明显低于干清式收集系统，且棚舍的清洁程度要好于刮板清粪系统。水冲式粪水产生量的估算方法有两种，分别如下。

第一种方法：按最高允许排水量估算。

表5和表6分别列出了畜禽养殖中水冲工艺和干

清粪工艺最高允许排水量，可根据表中的数值以及养殖场饲养的畜禽数量，估算一定时间内粪水的产生量。

表5　集约化畜禽养殖业水冲工艺最高允许排水量

单位：米³/天

| 项目 | 猪 | | 鸡 | | 牛 | |
|------|------|------|------|------|------|------|
| | 冬季 | 夏季 | 冬季 | 夏季 | 冬季 | 夏季 |
| 标准值 | 2.5 | 3.5 | 0.8 | 1.2 | 20 | 30 |

资料来源：畜禽养殖业污染物排放标准（GB 18596—2001）。

注：表中猪、牛以百头计，鸡以千只计，下表同。

表6　集约化畜禽养殖业干清粪工艺最高允许排水量

单位：米³/天

| 项目 | 猪 | | 鸡 | | 牛 | |
|------|------|------|------|------|------|------|
| | 冬季 | 夏季 | 冬季 | 夏季 | 冬季 | 夏季 |
| 标准值 | 1.2 | 1.8 | 0.5 | 1.7 | 17 | 20 |

资料来源：畜禽养殖业污染物排放标准（GB 18596—2001）。

计算公式（式3）如下：

$$V = K \times N \times D \qquad (3)$$

式中：

$V$ 为粪水体积，米³；

$K$ 为畜禽每天排水量，升/（头或只·天），如果不知道排水量，可按表5中的数值进行计算；

$N$ 为存栏畜禽数量，头或只；

$D$ 为粪水需储存的天数，天。

例3：北方一个600头规模的养牛场，估算该养牛场一年的粪水产生量。

第一步：从表5查得冬季和夏季百头牛的排水量分别为20米$^3$/天和30米$^3$/天。

第二步：北方冬季为11月到翌年3月，共计150天，夏季为215天。

第三步：分别计算冬季和夏季的粪水产生量。

$$冬季V_w=20 \times 600 \times 150/100$$
$$=18\ 000\ （米^3）$$
$$夏季Vs=30 \times 600 \times 215/100$$
$$=38\ 700\ （米^3）$$

第四步：计算全年粪水产生量。

$$V=Vw+Vs$$
$$=18\ 000+38\ 700$$
$$=56\ 700\ （米^3）$$

第二种方法：按动物单位计算。

粪水是粪便和冲刷水的混合物，用动物单位计算要对粪便产生量和冲刷水使用量分别进行计算，两者之和即为粪水的数量。

例4：某奶牛养殖场拥有体重约450千克的小牛75头，平均体重约635千克的奶牛150头，奶牛日均产奶34千克。出于粪水养分应用的需求，储存期为75天。计算此期间内粪水的产生量。

第一步：计算动物单位（式4）。

$$AU=BW \times N/1\ 000 \qquad (4)$$

式中：

$AU$ 为1 000千克动物单位；

$BW$ 为牛的平均体重，千克/头；

$N$ 为牛的数量，头。

奶牛 AU=150×635/1 000=95

小牛 AU=75×450/1 000=34

第二步：确定牛的单位粪便产生量。从表7得知奶牛和小牛的粪便产生量每1 000千克分别为0.106米³/天和0.056米³/天。

表7　奶牛粪便特性

| 指标 | 单位 | 产奶量（千克/天） | | | | 牛犊 (150 千克) | 小母牛 (440 千克) | 无奶奶牛 |
|------|------|------|------|------|------|------|------|------|
|      |      | 23 | 34 | 45 | 57 |  |  |  |
| 质量 | 千克/天 | 97 | 108 | 119 | 130 | 83 | 56 | 51 |
| 容量 | 米³/天 | 0.100 | 0.106 | 0.118 | 0.131 | 0.081 | 0.056 | 0.052 |
| 含水量 | %（湿基） | 87 | 87 | 87 | 87 | 83 | 83 | 87 |
| 总固体物 | 千克/天 | 12 | 14 | 15 | 17 | 9.2 | 8.5 | 6.6 |
| 挥发性固体 | 千克/天 | 9.2 | 11 | 12 | 13 | 7.7 | 7.3 | 5.6 |
| 生物需氧量 | 千克/天 | 2.1 |  |  |  |  | 1.2 | 0.84 |
| 氮 | 千克/天 | 0.66 | 0.71 | 0.76 | 0.81 | 0.42 | 0.27 | 0.30 |
| 磷 | 千克/天 | 0.11 | 0.12 | 0.14 | 0.15 | 0.05 | 0.05 | 0.042 |
| 钾 | 千克/天 | 0.30 | 0.33 | 0.35 | 0.38 | 0.11 | 0.12 | 0.10 |

注：1 000千克动物单位不是指动物个体，是指1 000千克动物鲜重。如体重1 400千克的牛动物单位为1.4，一只3千克的肉鸡动物单位为0.003。

第三步：用式5分别计算两种牛的粪便产生量。

$$VMD = AU \times DVM \times D \qquad (5)$$

式中：

$VMD$ 为粪便产生量，米³；

AU为1 000千克动物单位；

DVM为每天每1 000千克动物的粪便产生量，米³/天；

D为储存天数，天。

奶牛VMD₁=95×0.106×75=755.3（米³）

小牛VMD₂=34×0.056×75=142.8（米³）

第四步：计算粪便产生总量。

TVM=VMD1+VMD2=898.1（米³）

第五步：确定奶牛在挤奶中心产生的单位（1 000千克动物）废水量，从表8查得为0.037米³/天。

表8　挤奶中心奶牛粪便特性指标

| 指标 | 单位 | 挤奶中心 | | | |
|---|---|---|---|---|---|
| | | 储奶间 | 储奶间+挤奶间 | 储奶间+挤奶间+等待间（不包括粪便） | 储奶间+挤奶间+等待间（包括粪便） |
| 容量 | 米³/天 | 0.014 | 0.037 | 0.087 | 0.100 |
| 水分 | % | 100 | 99 | 100 | 99 |
| 总固体物 | %（湿基） | 0.28 | 0.60 | 0.30 | 1.5 |
| 挥发性固体物 | 千克 | 1.56 | 4.20 | 2.16 | 11.99 |
| 固体性固体 | 千克 | 1.32 | 1.80 | 0.80 | 3.00 |
| 化学需氧量 | 千克 | 3.00 | 5.04 | | |
| 生物需氧量 | 千克 | | 1.01 | | |
| 氮 | 千克 | 0.09 | 0.20 | 0.12 | 0.90 |
| 磷 | 千克 | 0.07 | 0.10 | 0.03 | 0.10 |
| 钾 | 千克 | 0.18 | 0.30 | 0.07 | 0.40 |
| 碳氮比 | | 10 | 12 | 10 | 7.0 |

注：容量以1 000千克动物单位计算；VS、FS、COD、BOD、N、P、K以1 000升计算。

第六步：用式6计算废水产生量，其中，*TWW*为废水产生量，米$^3$；*DWW*为每1 000千克动物废水产生量，米$^3$/天；*D*为储存天数，天。

$$TWW=DWW \times AU \times D \qquad (6)$$

$$TWW=0.037 \times 95 \times 75=263.6 （米^3）$$

第七步：用式7计算粪水产生总量。

$$TVW=TVM + TWW \qquad (7)$$

$$TVW=898.1 + 263.6=1 161.7 （米^3）$$

该奶牛养殖场在75天储存期内可以产生1 161.7米$^3$的粪水混合物。

## （二）畜禽粪便的储存

畜禽粪便在适当的设施内进行合理的储存，不仅能防止二次污染的发生，还能有效保存其所含的养分。

### 1.储存设施的要求

2006年，农业部颁布了《畜禽粪便无害化处理技术规范》（NY/T 1168—2006），提出了畜禽养殖场设置粪便储存设施的规范，总体要求如下。

（1）畜禽养殖场产生的粪便应在专门设置的储存设施中进行储存。

（2）畜禽养殖场、养殖小区或畜禽粪便处理场应分别设置粪水或干粪储存设施，畜禽粪便储存设施必须距离地表水体400米以上。

（3）储存设施必须有足够的空间来储存粪便和粪

水。在满足最小储存体积条件下设置预留空间，一般在能够满足最小容量的前提下将深度或高度增加0.5米以上。①干粪储存设施最小容积为储存期内粪便产生总量与垫料体积总和。②粪水储存设施为储存期内粪便产生总量和储存期内污水排放量总和。露天粪水储存必须考虑储存期内的降水量。③农田应用时，畜禽粪便储存设施最小容量不能小于当地农业生产使用间隔最长时期内的养殖场粪便产生总量。

（4）畜禽粪便储存设施必须进行防渗处理，防止污染地下水。

（5）畜禽粪便储存设施应采取防雨（水）措施。

（6）畜禽粪便储存设施应建设必要的安全防护设施，以防人、牲畜掉入储存池中。

### 2.固态粪便储存设施

应根据畜禽养殖场的养殖规模和集中收集能力，进行粪便储存设施的设计和建设，具体要求如下。

（1）选址。第一，粪便储存设施应根据当地有关部门的要求和规定进行选址，应远离湖泊、小溪、水井等水源地，以避免对地下水源和地表水造成污染；与周围建筑物的距离也应满足相关规定的要求。

第二，粪便在储存过程中会产生臭味，尤其是在无任何覆盖措施的粪便储存设施中。臭味有一定的污染性，在其周围几百米甚至更远的地方都会受到影响。因此，选址时应充分考虑粪便储存设施散发的臭味可能带来的不利影响，应将其设置在下风口，尽量远离风景区和住宅区。

第三，粪便储存设施不应建在坡度较大以及容易产生积水的低洼地带，以避免发生暴雨时储存设施内的粪水溢出而产生污染。

第四，结合当地的实际情况，要充分考虑地质和周围环境带来的影响。应避免在有裂缝的基岩或熔岩地貌上建筑储存设施，也要避开周围环境对设施整体稳定性的影响，如建筑物、树根等。

第五，对场地进行地质勘查，分析土壤质地和岩石类型等基本情况，以确定该场地是否适合建造储存设施。为确定该场地是否符合当地相关的防渗要求，必须对土壤进行渗水性检测。

（2）储存设施的种类。

露天堆放场：干燥少雨的地区可以使用露天堆放场进行固态粪便的临时存放，如图8所示。

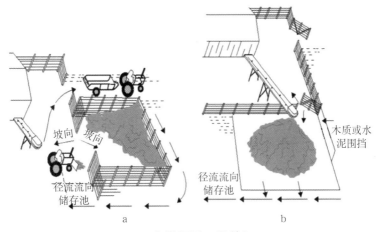

图8　固态粪便露天堆放场
a.铲车运送　b.传送带运送

从清粪机出来的固态粪便可以使用铲车运送到堆放场进行堆放，如图8a所示；也可以通过传送带运送到堆放场来堆放，如图8b所示。这种堆放设施必须留有能让装载和运输设备容易进出的空间；来自堆体的渗出液和径流必须进行控制，以防止它们流入河流、地表水或地下水中造成水资源的污染，可使用导流明渠或地下管道将其导流到液体储存池。露天堆放设施的墙壁常用木制、钢筋水泥或水泥块做成，地面也应进行硬化处理。

储存间：有些地区需要用有屋顶的空间进行存放固态粪便，这种储存间有多种形式，如图9和图10所示。

图9　双斜面屋顶储存间
a.木制挡墙　b.水泥挡墙

图10　单斜面屋顶储存间

用于建造固体储存设施的木材要进行防腐处理；钢筋混凝土也要经过震压处理，这样才能保证长期接触粪便而保持不变；也可使用钢结构，但其易腐蚀，必须进行防腐处理或定期进行更换。此外，木质结构必须使用高质量和经过防腐处理的金属固定件，以减少固定件因腐蚀而损坏的发生。

粪便堆体产生的渗出液和径流必须加以控制，以防止它们进入地表水和地下水，方法之一是将它们导流到储存池中。同时，屋顶未受污染的雨水应与污水分离，并把雨水引到场区周围收集雨水的地方。

储存间地面要进行硬化处理。所有硬化处理的坡道，坡度8：1（水平：垂直）或较平的坡道是安全的。坡度太陡，会给设备操作带来困难。混凝土铺设的坡道和储存设施地面应保证表面粗糙，有助于增加摩擦力。坡道要有足够的宽度，以利于设备安全进出和移动。

### 3.液态粪便储存设施

（1）选址。①储存池要与养殖区和居民区等建筑物间隔一定的距离，以满足防疫的要求。②储存池要设置在养殖场生产区、生活区主导风向的下风口或侧风向。③储存池应符合排放、资源化利用和运输的要求，也应留有一定的空间用于扩建，并方便施工、运行和维护。

（2）类型和材料。液体粪便储存设施有地下和地上两种类型，如图11和图12所示。地下储存设施有敞口和封闭两种，但地上储存设施多为封闭类型。土质条件好、地下水位低的场地适宜建造地下储存设施，地下水位高的场地适宜建造地上储存设施。

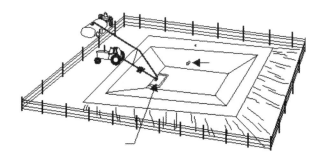

图11　敞口地下储存池

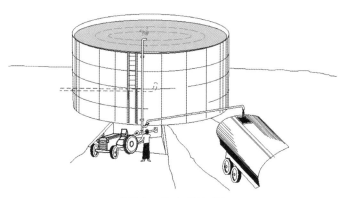

图12　地上储存罐

　　根据场地大小、位置和土质条件，可选择方形、长方形和圆形等形状的设施。

　　地下水位低的地区，在场地土质允许的条件下，可以建造土制储存池。土制储存设施往往比较便宜，但易受特定条件限制，如有限的空间、高降水量和地下水位高、渗透性强的土壤或较浅岩石层，均是限制建造此类型设施的因素。为储存粪便和径流而设计的土池，一般为四边形，但也可为圆形或便于操作和维护的其他形状。内部坡度范围（1.5：1）～（3：1），护堤整体坡度（内部加外部）不应小于5：1。使用土制防渗层还是合成防渗层主要取决于渗透率是否符合地方标准的要求，如果土制防渗层不符合要求，只能选择合成防渗材料。

建造液体粪便储存设施的材料有钢筋混凝土和玻璃钢。钢筋混凝土现浇是建造地下罐的主要材料，也可用于地上罐的建造。预制混凝土板建造时，板与板之间用螺栓连接在一起，圆形箱板用金属环固定。预制板固定在混凝土地基上，与地基浇筑在一起，储存罐的地基是现浇的。有些地上罐是玻璃钢板制成的，这种材料必须由训练有素的人员进行制造和安装。

## （三）畜禽粪便处理

目前，在种养结合模式中，畜禽粪便处理方式主要有堆肥、生物质能源生产、蚯蚓生物反应器等，国外还有高温热解、汽化、深加工成垫料和饲料再利用等方式。本文主要介绍固态粪便的堆肥处理方式。

堆肥是微生物分解有机质的过程，这是一个自然过程。最终产品使用起来比有机原料更安全，可提高土壤肥力、适耕性和持水能力。另外，堆肥可降低有机材料的体积，提高操控性能；可减少臭味、苍蝇和其他病菌产生；可杀死杂草种子和病原菌等。

## 1.堆肥方法

堆肥方法主要有4种，分别是条垛式、堆放式、槽式和容器式。

（1）条垛式。条垛式是要把堆制的混合物布置成窄长条的垛，一般条垛高1.5～2米、宽3米，长度可依据场地条件和原材料量进行调节（图13）。

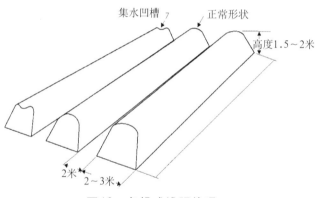

图13　条垛式堆肥处理

为保持好氧条件，混合物必须定期翻倒。这可使材料与空气充分接触，温度也不会升得太高（＞75℃）。最小翻倒频率为2～10天，这取决于混合物的种类、体积和环境空气温度。随着堆制时间的延长，翻倒频率可降低。条垛的宽度和高度受翻倒设备种类和型号的限制。翻倒设备可以是一个前端装载机，也可以是一个自动机械翻倒机，种类和型号很多。图14是一种自行式履带条垛翻倒机，图15显示了翻倒机工作时的情景。

图14　自行式履带条垛翻倒机

图15　翻倒机工作情景

条垛式堆肥处理具有以下优缺点：①优点。脱水速度快，温度越高，速度越快；材料越干，越容易操控；处理量大；产品稳定性好；资金投入少；操作简单。②缺点。占地多，空间利用率不高；需定期进行条垛的翻倒以保持发酵条件；需要翻倒设备；易受天气影响；翻倒时会造成臭味的释放；需要大量的填充材料。

（2）堆放式。材料混合后，堆放到能透气的塑料管上。高孔性的小型堆或与高孔性材料分层堆放的堆体可不需强制通风。堆的外部一般用发酵好的堆肥或其他材料进行隔离。不进行分层堆制时，成堆前材料必须进行充分混合。

堆体的体积取决于风机提供的氧气量和原材料的特性。堆的高度一般为3～5米，宽度常为高度的2倍，堆体之间距离一般为高度的1/2。

带有强制通风的系统，可使空气穿过有孔的塑料管道而穿过堆体，从而达到通风的目的。如果空气是吸入堆体的，常使用过滤堆或过滤材料来吸收、处理臭味（图16）。

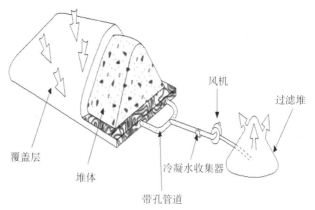

图16　堆放式堆肥处理

堆放式堆肥处理有以下优缺点：①优点。较少的资金投入；病原菌破坏度高；臭味控制好；操作简单；产品稳定性好。②缺点。需较大的场地，空间利用率不高；易受天气影响；管道周围难以操作；风机需要一定的运行和维护费用。

（3）槽式。槽式发酵也称卧式发酵，各地还有其他不同的名称。一般在顶部透光的发酵车间内，建有一个长60～80米、宽10米、高1.5米左右的槽。北方地区发酵车间的走向一般为东西向，有助于更好采光升温与保温；南方地区气温相对较高，其走向应根据场地条件而定。发酵槽的一端为原料的入口，一般与畜禽粪便堆放场相接；另一端为腐熟物料的出口。图17为塑料棚槽式发酵间。

图17　塑料棚槽式发酵间

槽式发酵的主要设备是翻抛机，各地开发出来多种类型，主要有旋耕、螺旋和链轨式等多种形式翻抛机，使用时需根据场地条件、发酵槽的宽度和高度加以选择。

槽式发酵是国内主要采用的处理畜禽粪便的一种形式，其优缺点如下：①优点。不受天气影响，发酵过程可控；占地少，空间利用率高；处理量大，自动化程度高；发酵周期短；产品质量稳定。②缺点。建设成本高；需要一定设备。

（4）容器式。容器式发酵器可对环境进行人为或智能控制，如含水量、通气和温度，需要大量的复杂仪器和设备，如图18所示，因此这种方法对技术水平和操控能力要求较高。其优缺点如下：①优点。占地少，空间利用率高；独立性强，易于程序化控制；受天气变化影响小；臭味能得到有效控制；连续处理性强。②缺点。仪器设备复杂，资金投入高；缺乏操

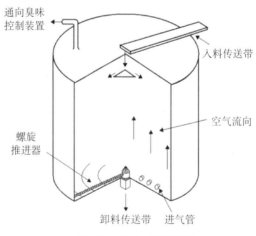

图18　容器式发酵器

作数据支持，尤其是大型系统；精度高，需要精细管理；有一定的不稳定性；操作功能灵活性较差，适应性较窄。

### 2.堆肥场地的选择

堆肥场地的选择是堆肥成功非常重要的因素。为方便取材，堆肥设施应尽可能设置在离堆肥原材料较近的地方。如果堆肥产品要进行田间应用，场地应设置在方便运输的地方。当进行场地选择时，应考虑以下因素。

（1）风向。堆肥处理管理不当会产生臭味，当堆肥场地离居民区较近时，堆肥场地的设置应考虑风向，将堆肥场设在下风口或侧风向。

（2）地形。堆肥场地要避免设置在陡坡上，因为这样会引起径流问题；也要避免设置在容易积水的地方。

（3）地下水。堆肥场地应设置在下坡的位置，并与水源留有安全距离。有屋顶的堆肥场地应不能产生污染地下水的沥出液。如果堆肥设施没有预防天气变化的措施，应把它设置在不会给地下水带来风险的地方。

（4）场地要求。不同堆肥方式对场地大小的要求不同。条垛式要求场地最大，堆放式比条垛式稍小，但要多于封闭式。堆体的大小也影响了占地的多少，大堆表面积小，在同等粪便体积的情况下，需要的堆置面积小，但也较难管理。在确定堆制场地大小时，应考虑到用于混合、装载和翻倒作业设备的类型和尺寸，必须在堆肥场地内以及周围留有充足的操作空间。另外，如果需要有视觉障碍物，应考虑在堆肥场地周围留有一定的缓冲地。一般来说，堆肥材料容重为560 ～ 700千克/米³，可用此容重估算堆体初始混合物所需要的场地面积。此外，还要加上设备操作、翻倒和缓冲区所需要的面积。

### 3.堆肥混合物

要堆制的畜禽粪便需要按适当的比例与辅料和填充物混合，以促进好氧微生物的活动和生长，并获得理想的温度。为保证取得良好的堆肥效果，堆肥混合物需达到以下几点：①充足的能源（碳）和营养源（主要是氮）。②充足的水分。③充足的氧气。④ pH6 ～ 8。

堆肥混合物中，畜禽粪便、辅料和填充物的适当比例通常称为配方。

辅料是添加到堆肥混合物中能改变其水分含量、碳氮比或pH的物质。许多材料适合作堆肥辅料，如植物残体、叶片、杂草、秸秆、干草和花生壳等，这些仅是农业生产中产生的可作辅料的一部分。其他如锯末、木屑或碎纸和硬纸板，也可从其他来源得到，不会产生很多费用。表9标明了常见堆肥辅料的碳氮比。

表9 常见堆肥辅料的碳氮比

| 材料名称 | 碳氮比 | 材料名称 | 碳氮比 |
|---|---|---|---|
| 苜蓿（开花阶段） | 20 | 猪粪（液态） | 5～8 |
| 苜蓿干草 | 18～20 | 松树针叶 | 225～1 000 |
| 芦笋 | 70 | 马铃薯茎叶 | 25 |
| 豌豆秸秆 | 59 | 禽类粪便（鲜粪） | 6～10 |
| 豌豆（绿肥） | 18 | 禽类粪便（鸡舍内） | 12～18 |
| 树皮 | 100～130 | 芦苇 | 20～50 |
| 甜椒 | 30 | 蘑菇渣 | 40 |
| 面包屑 | 28 | 稻草 | 48～115 |
| 甜瓜 | 20 | 腐熟粪便 | 20 |
| 硬纸板 | 200～500 | 黑麦秸秆 | 60～350 |
| 牛粪（含秸秆） | 25～30 | 锯末 | 300～723 |
| 牛粪（液态） | 8～13 | 锯末（山毛榉） | 100 |
| 三叶草 | 12～23 | 锯末（杉树） | 230 |
| 三叶草（幼嫩） | 12 | 锯末（老树） | 500 |
| 玉米和高粱秸秆 | 60～100 | 海草 | 19 |
| 黄瓜茎叶 | 20 | 大豆残体 | 20～40 |
| 奶牛粪 | 10～18 | 大豆秸秆 | 40～80 |
| 园林废弃物 | 20～60 | 甘蔗（废弃物） | 50 |
| 稻谷 | 36 | 牛舌草 | 80 |
| 草屑 | 12～25 | 番茄叶片 | 13 |
| 绿叶 | 30～60 | 番茄茎 | 25～30 |
| 绿色黑麦 | 36 | 西瓜茎叶 | 20 |
| 马粪 | 30～60 | 凤眼蓝（水葫芦） | 20～30 |
| 叶片（刚掉落） | 40～80 | 杂草 | 19 |
| 报纸 | 400～500 | 小麦秸秆 | 60～373 |
| 燕麦秸秆 | 48～83 | 松木 | 723 |
| 泥炭（棕色或浅棕色） | 30～50 | 木屑 | 100～441 |

填充物主要是用来改善堆肥堆体本身的支撑性能（结构），提高孔隙度，以使堆体内空气能流动，如木

屑和碎轮胎等。一些填充物如大木屑，既可以提高堆体内的孔隙度，也可改变含水量和碳氮比，这样它既是填充物又是辅料。

### 4.堆肥参数

要确定配方，必须了解畜禽粪便、辅料和填充物的特性，最重要的特性包括碳氮比、含水量（湿基）、pH。

（1）碳氮比。要获得理想的微生物活性，堆肥混合物中碳和氮的平衡是关键因素。堆肥设施运行中碳氮比应维持为 $25 \sim 40$。如果碳氮比较低，氨被分解，并迅速挥发掉，会造成氮的损失；如果碳氮比较高，由于氮会成为微生物生长的限制因子，堆制时间将会延长。

（2）含水量。微生物将碳源转变成能量需要水分的参与。细菌一般可忍受的含水量为 $12\% \sim 15\%$，然而含水量低于40%时，分解速度会降低；含水量高于60%时，分解条件会从好氧转变为厌氧。厌氧是不期望发生的，因为其分解速度慢，并产生臭味。最终产品应具有较低的含水量。

（3）pH。在堆制畜禽粪便时，一般pH是自动调节的，无需考虑。细菌一般在pH $6.0 \sim 7.5$ 能正常生长，真菌在pH $5.5 \sim 8.5$ 能正常生长。在堆肥堆制过程的不同阶段，pH一直在发生变化。一旦分解开始，pH就很难控制。理想的控制方法可通过在初始混合物中添加碱性或酸性材料来实现，添加碱性物质易造成氨挥发，应谨慎加入。

5.堆肥技术

（1）堆肥影响因素。①堆制时间。堆制时间因堆料的碳氮比和含水量、天气、堆制类型、堆制管理、粪便和辅料的种类不同而存在较大的差异。管理较好的条垛式或堆放式堆肥，夏季堆制时间为14天至一个月。实际的堆制时间，应考虑到堆肥熟化和储存所需要的时间。②温度。堆肥期间，温度是微生物活动水平的标志，应监测堆肥温度的发展变化。如有可能，应每天监测堆体的温度。测温探针应有足够的长度，以使其能穿透到堆体的1/3处。未能达到理想的温度会导致病原菌和杂草种子不能完全被摧毁，还可引来苍蝇和引起臭味的产生。最初，堆体温度相当于环境温度，随着微生物的繁殖，温度迅速提升。按照堆肥混合物内主要细菌的种类，堆肥过程一般分为3个阶段。图19说明了时间、温度与堆肥阶段的关系。如果温度低于10℃，堆肥处于低温阶段；如果温度为10～40℃，堆肥处于中温阶段；如果堆肥温度超过（含）40℃，堆肥处于高温阶段。要彻底杀死病原菌，堆肥温度必须超过60℃。③含水量。应定期监测堆肥混合物的含水量变化。含水量的过高或过低，都会减缓甚至阻止堆肥过程。一般较高的水分含量常导致向厌氧消化过程的转化和臭味的产生。高温会驱赶掉大量的水分，堆肥混合物可能过干，常需要添加水。④臭味。臭味是堆肥下一步如何进行操作的指示剂，臭味的产生意味着堆肥过程已从好氧消化转变成了厌氧消化。厌氧消化是由堆体内氧气不够充分所导致的，这可能是堆体内水分过多引起的，需要对堆体进行翻倒或通氧。

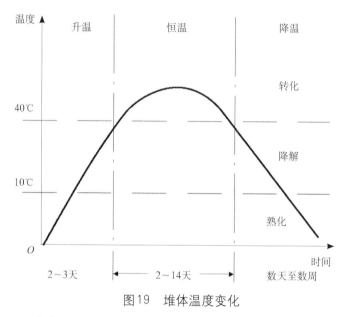

图19 堆体温度变化

（2）堆肥程序。一般堆肥需进行以下几个步骤：①材料的预处理。为提高微生物的分解速度，有必要对原材料进行粉碎，主要是为了增加堆肥混合物的表面积。②粪便、辅料以及填充物混合。按照制定好的堆肥配方对原材料、辅料和填充物进行混合，配方应详细地记录所要混合的废弃物原料、辅料和填充物的数量。混合作业一般由装载机完成。③通过强制通风或机械翻倒进行通氧。一旦材料混合好，堆肥过程就开始了。细菌开始繁殖，消耗碳和氧气。为保持微生物活力，需向堆体加入空气，以使其重新获得氧气的供应。空气的加入可通过堆体简单地重新混合或翻倒进行。较为复杂的方法是用风机压入或吸出空气,使空气穿过堆肥混合物。每天每千克挥发性物质一般需要10～18千克的空气,如果以体积百分数表示,堆肥混合物中空气的理想浓度范围为5%～15%。超过15%,由于空气流动大,会使温度降低;氧气浓度低一般会导致厌氧条件的产生,减缓了降解的过程。不当的通氧易导致厌氧条件的产生,会增加臭味的产生。臭味是何时对堆体进行翻倒和通氧的良好指示剂。④水分调节。需要加水时应谨慎行事,因为很容易加多。水分过多堆体容易造成过湿和过紧,堆肥材料将不能进行充分分解。堆体流出液体是水分过多的标志。⑤熟化。一旦快速堆肥过程完成,就可以直接进行一段时间的熟化。熟化期间,堆肥温度重新回到环境温度,生物活性降低。熟化阶段,堆肥的养分得到进一步稳定。依据原材料的种类和堆肥的最终用途,一般熟化时间为30～90天。⑥干燥。如果堆肥产品要进行销售、长距离运输或用于垫圈,就需要进行干燥处理,来减轻质量。可通过将堆肥产品铺撒在温暖、干燥的地方或有屋顶的设施中进行自然干燥,直到大量的水分蒸发掉。⑦填充物的回收。如像轮胎碎片或木条这样的填充物,可用筛子把其从堆肥产品中分离出来,并进行回收。回收的填充物可在下次堆肥时再次使用。⑧储存。在有冰或雪覆盖的天气条件下,或已经错过生产季节,不能进行田间施用,堆肥产品需要储存一段时间。应在储存间进行储存,在露天储存的，应用苫布盖住，以防受到不良天气的影响。

## （四）粪肥的养分管理

养分管理是种养结合模式的重要环节，是建立在土壤测试、作物产量、粪肥养分分析及环境问题的基础上，同时必须考虑粪肥中的有效养分、作物对养分的需求、粪肥施用时期及方式，还必须将径流、淋洗及蒸发损失的风险控制到最小。

### 1.粪肥养分损失

粪肥养分损失一般分为两类：一类是施入土壤前的养分损失，一类是施入土壤后的养分损失。

（1）施入土壤前的养分损失。粪肥施入土壤前的养分损失差异很大，这取决于收集、储存、处理与施用的方法。在计算作物吸收利用的养分量时，这些损失必须考虑进来。气候条件及管理措施对养分的损失也有较大的影响。在温暖的气候条件下，养分的蒸发损失会变得很快，如果再有风的话，会加剧养分的损失。另外，废弃物存放和处理时间越长，养分损失越多。

当温度降到5℃以下时，微生物的活动几乎停止。因此，大多数的蒸发损失会在秋天停止，直到翌年春天恢复，这是一种自然保护现象。

在缺少检测数据的情况下，表10中的数据可以用来估算养分的损失。此数据是粪便存放或处理后养分保存下来的百分比，已包含了收集过程中的养分损失。

## 表10 粪便不同保存方法对养分保存率的影响

单位：%

| 保存方法 | 肉牛 N | 肉牛 P | 肉牛 K | 奶牛 N | 奶牛 P | 奶牛 K | 禽类 N | 禽类 P | 禽类 K | 生猪 N | 生猪 P | 生猪 K |
|---|---|---|---|---|---|---|---|---|---|---|---|---|
| 寒冷湿润地区，露天存放 | 55~70 | 70~80 | 55~70 | 70~85 | 85~95 | 85~95 | | | | 55~70 | 65~80 | 55~70 |
| 炎热干燥地区，露天存放 | 40~60 | 70~80 | 55~70 | 55~70 | 85~90 | 85~95 | | | | | | |
| 有遮盖的防水设施中，储存的液态和固态粪便 | 70~85 | 85~95 | 85~95 | 70~85 | 85~95 | 85~95 | | | | 75~85 | 85~95 | 85~95 |
| 无遮盖的防水设施中，储存的液态和固态粪便 | 60~75 | 80~90 | 80~90 | 65~75 | 80~90 | 80~90 | | | | 70~75 | 80~90 | 80~90 |
| 储存池中保存的液态和固态粪便（稀释倍数小于50%） | 65~80 | 80~95 | 80~95 | 65~80 | 80~95 | 80~95 | | | | | | |
| 粪便和垫料混合物存放在有屋顶设施中 | | | | 65~80 | 80~95 | 80~95 | 55~70 | 80~95 | 80~95 | | | |
| 粪便和垫料混合物存放在无屋顶设施中，且有渗出液流失 | 55~75 | 75~85 | 75~85 | 55~75 | 75~85 | 75~85 | 80~90 | 90~95 | 90~95 | 70~85 | 90~95 | 90~95 |
| 存放在板条地板下方沟中的粪便 | 70~85 | 85~95 | 85~95 | 70~85 | 90~95 | 90~95 | 70~85 | 90~95 | 90~95 | 70~85 | 90~95 | 90~95 |
| 厌氧池处理过或稀释超过50%存放在储存池中的粪便 | 20~35 | 30~50 | 50~65 | | | | 20~30 | 30~50 | 50~65 | 20~30 | 30~50 | 50~60 |

在应用过程中，养分的损失可以参考表11中的数据来估算。这些是除了通过表10估算的养分损失以外的部分。

表11　施入土壤的粪便可提供给土壤氮的百分比
　　　（氨挥发引起的损失）

单位：%

| 施用方法 | 留存与投入百分比 | | |
| --- | --- | --- | --- |
| 注入 | 95 | | |
| 喷施 | 75 | | |
| 固态粪便撒施 | 土壤条件 | | |
| 撒施与混入土壤作业的间隔天数 | 干热 | 湿热 | 湿冷 |
| 1天 | 70 | 90 | 100 |
| 4天 | 60 | 80 | 95 |
| 7天或以上 | 50 | 70 | 90 |

　　粪肥施用时间对于氮的保存很关键。蒸发损失会随着时间、高温、风和低湿度的持续而加剧。为了降低蒸发损失，粪便应在风干之前施入土壤。在氮发生明显损失之前，粪肥施入土壤的允许时间会随着气候的变化而变化。在较冷、较湿的土壤上施用，粪便不会马上变干，因此可以保持几天不发生蒸发损失；在较热、较干的土壤上施用，粪肥会迅速变干，24小时内会以氨气的形式大量损失，尤其是在有干热风的条件下。

　　粪肥若是在厌氧条件下存放，超过50%的氮是以氨的形式存在，随时会随粪肥变干而挥发损失。在干旱或半干旱气候条件下，干燥粪肥已经以氨气的形式损失了大多数的铵态氮，随着时间的推移，几乎也没有额外的损失。

（2）施入土壤后的养分损失。粪肥施入土壤后也会损失一些氮。氮的损失主要是淋洗和反硝化作用引起的，然而，有机氮必须经转化或矿化后才能产生氮损失。粪肥施入土壤后，磷和钾的损失降到最低，但是矿化过程依旧发生。

淋洗：硝酸盐形式的氮是溶于水的，可以随着下渗的水穿过根区而损失掉。水分通过降水、融雪和灌溉进入土层，从而也使得可溶性的养分随着水分移动进入土壤。施用足够量的有机物质能够将这种损失降到最小。在灌溉区，良好的水分管理可以防止可溶性养分的过量淋洗损失。如果使用过量的灌溉水冲洗根区下方盐分的话，也会发生养分的淋洗损失。制订养分管理计划必须以养分最小淋洗损失为指导。除了水分预算外，还必须考虑粪肥的单位用量、施用时期以及作物养分需求量。

土壤淋洗指数可用于制订养分施用计划，以此来估算硝酸盐的淋洗量。表12可用于制订计划时作参考。淋洗指数是衡量氮淋洗潜力随季节性变化的加权估计值。根区下方养分损失的概率取决于淋洗指数。淋洗指数小于5厘米不会造成养分损失，5～25厘米时可能会造成损失，达到25厘米后造成损失的可能性更大。

表12 土壤淋洗指数与无机氮的淋洗损失

单位：%

| 淋洗指数 | 无机氮淋洗损失 |
| --- | --- |
| <5厘米 | 5 |
| 5~25厘米 | 10 |
| ≥25厘米 | 15 |

反硝化：氮也可以通过反硝化作用从根区损失掉。反硝化作用是硝酸盐在缺氧条件下发生的。以碳作为能源存在（一般在根区），同时其他条件适宜厌氧细菌的生长。厌氧细菌会将硝酸盐转化成气态的 $N_2O$ 或 $N_2$，这些气体会进入大气。因为粪肥较化肥含碳量高，碳又是一种常用的能源，因此反硝化作用发生的概率就非常大。土壤中的厌氧条件一般可以通过控制水分含量（通过土壤排水能力来反映）和土壤有效碳含量（通过土壤有机质含量来反映）而得到控制。表13给出了在各种排水等级和有机质含量的土壤上无机氮发生反硝化损失的估算值。

表13 不同土壤条件下氮的反硝化损失

单位：%

| 土壤有机质含量 | 不同土壤排水能力 | | | | |
| --- | --- | --- | --- | --- | --- |
| | 极强 | 良好 | 适中 | 不良 | 极差 |
| <2% | 2~4 | 3~9 | 4~14 | 6~20 | 10~30 |
| 2%~5% | 3~9 | 4~16 | 6~20 | 10~25 | 15~45 |
| ≥5% | 4~12 | 6~20 | 10~25 | 15~35 | 25~55 |

## 2.养分核算

作物生长所需的养分可以通过养分核算程序来确定。固态粪肥施用量以吨/亩来计算，液态粪肥施用量以升/亩来计算。

粪肥的多样性、施用地点和气候条件的差异性以及地方研究数据的缺失都是影响核算准确性的主要因素。但是，在核算过程中对粪肥进行抽样检测，可以缩小这种多样性带来的影响。若不能进行样品测试，养分核算可按以下步骤来进行。

（1）估算粪便中的养分。利用当地农业技术推广服务部门的数据或信息来计算粪便中的养分浓度（N、$P_2O_5$、$K_2O$）。如果没有测试数据或地方资料，可以利用各种畜禽粪便的平均养分含量来计算。

（2）估算废水、溢洒饲料和垫料中的养分。废水如养殖径流、挤奶中心以及其他过程产生的废水，都含有一定的养分。因此，可参考相关资料中废水养分含量的数据或对废水样品进行分析来确定其养分含量，然后将其转化成含N、$P_2O_5$、$K_2O$养分量。

（3）减去储存过程中损失的养分。核算粪便从排泄到施入地块之前这段时间内的养分损失量。表10给出了粪便在存放或多种方式处理后的养分剩余量，用上一步算得的总养分乘以剩余百分比来获得田间施用时的养分量。

（4）确定作物可利用的养分量。如果当地的数据不可用，可以参考表14中的数据。该表给出了几种粪便在不同管理措施下氮、磷、钾的矿化速率值。表14中每列的数据表示了粪便在连续3年的作物生长周期内，每年的粪便矿化率。表14中的数值是一个累计值，表示在前一年施用粪便后当年可利用的总养分。施用3年数值就是粪肥施用后3年中每年的矿化累积量。

表14　粪肥中氮、磷和钾的累计矿化率

单位：%

| 粪便种类和处理方式 | 累计矿化率 | | | | | | | | |
|---|---|---|---|---|---|---|---|---|---|
| | 氮 | | | 磷 | | | 钾 | | |
| | 1年 | 2年 | 3年 | 1年 | 2年 | 3年 | 1年 | 2年 | 3年 |
| 鲜禽类粪便 | 90 | 92 | 93 | 80 | 88 | 93 | 85 | 93 | 98 |
| 鲜生猪和牛粪便 | 75 | 78 | 81 | 80 | 88 | 93 | 85 | 93 | 98 |
| 坑中储存的蛋鸡粪便 | 80 | 82 | 83 | 80 | 88 | 93 | 85 | 93 | 98 |
| 储存在能覆盖的储存池中的猪或牛粪便 | 65 | 70 | 73 | 75 | 85 | 90 | 80 | 88 | 93 |
| 储存在露天设施或池塘的猪或牛粪便（未稀释） | 60 | 66 | 68 | 75 | 85 | 90 | 80 | 88 | 93 |
| 储存在有屋顶的牛粪便（含有垫料） | 60 | 66 | 68 | 75 | 85 | 90 | 80 | 88 | 93 |
| 处理池流出液或稀释的粪便储存池液 | 40 | 46 | 49 | 75 | 85 | 90 | 80 | 88 | 93 |
| 湿冷地区露天储存的粪便 | 50 | 55 | 57 | 80 | 88 | 93 | 85 | 93 | 98 |
| 干热地区露天储存的粪便 | 45 | 50 | 53 | 75 | 85 | 90 | 80 | 88 | 93 |

　　（5）实现目标产量作物所需要的养分量和土壤所能供应的养分量。当可以得到粪便分析数据、土壤测试数据和农业技术推广部门推荐数据时，可以拿来直接应用。如果无法得到所需数据，可按以下步骤进行估算。

　　第一步：估算实现目标产量所需的养分量。查询作物单位产量养分吸收量（表15），用目标产量乘以单位产量养分吸收量，再除以100，即可得到实现目标产量作物需吸收的养分量。

表15　主要作物单位产量养分吸收量

单位：千克

| 作物名称 | 收获部位 | 形成100千克经济产量所吸收的养分量 | | |
|---|---|---|---|---|
| | | 氮（N） | 磷（$P_2O_5$） | 钾（$K_2O$） |
| 水稻 | 籽粒 | 2.25 | 1.10 | 2.70 |
| 冬小麦 | 籽粒 | 3.00 | 1.25 | 2.50 |
| 春小麦 | 籽粒 | 3.00 | 1.00 | 2.50 |
| 大麦 | 籽粒 | 2.70 | 0.90 | 2.20 |
| 玉米 | 籽粒 | 2.57 | 0.86 | 2.14 |
| 谷子 | 籽粒 | 2.50 | 1.25 | 1.75 |
| 高粱 | 籽粒 | 2.60 | 1.30 | 1.30 |
| 甘薯 | 块根 | 0.35 | 0.18 | 0.55 |
| 马铃薯 | 块茎 | 0.50 | 0.20 | 1.06 |
| 大豆 | 籽粒 | 7.20 | 1.80 | 4.00 |
| 豌豆 | 籽粒 | 3.09 | 0.86 | 2.86 |
| 花生 | 果实 | 6.80 | 1.30 | 3.80 |
| 棉花 | 皮棉 | 5.00 | 1.80 | 4.00 |
| 油菜 | 籽粒 | 5.80 | 2.50 | 4.30 |
| 芝麻 | 籽粒 | 8.23 | 2.07 | 4.41 |
| 烟草 | 鲜叶 | 4.10 | 0.70 | 1.10 |
| 大麻 | 茎皮 | 8.00 | 2.30 | 5.00 |
| 甜菜 | 块根 | 0.40 | 0.15 | 0.60 |
| 甘蔗 | 茎 | 0.19 | 0.07 | 0.30 |
| 黄瓜 | 果实 | 0.40 | 0.35 | 0.55 |
| 架豆 | 果实 | 0.81 | 0.23 | 0.68 |
| 茄子 | 果实 | 0.30 | 0.10 | 0.40 |
| 番茄 | 果实 | 0.45 | 0.50 | 0.50 |
| 胡萝卜 | 块根 | 0.31 | 0.10 | 0.50 |
| 萝卜 | 块根 | 0.60 | 0.31 | 0.50 |
| 甘蓝 | 叶球 | 0.41 | 0.05 | 0.38 |

（续）

| 作物名称 | 收获部位 | 形成100千克经济产量所吸收的养分量 | | |
|---|---|---|---|---|
| | | 氮（N） | 磷（P$_2$O$_5$） | 钾（K$_2$O） |
| 洋葱 | 鳞茎 | 0.27 | 0.12 | 0.23 |
| 芹菜 | 整株 | 0.16 | 0.08 | 0.42 |
| 菠菜 | 整株 | 0.36 | 0.18 | 0.52 |
| 大葱 | 整株 | 0.30 | 0.12 | 0.40 |

资料来源：北京农业大学编写组，1979.肥料手册[M].北京：农业出版社。

第二步：因土壤存在反硝化作用的可能性，需要增加作物对养分的需求量。表13给出了在特定田间条件下发生反硝化损失的粗略估算值。此值是在作物生长季中按粪便有效无机氮做出的估算，并且依据土壤排水条件和土壤有机质含量进行估算；此值还取决于土壤当季发生反硝化作用的条件，只有氮素才会有这个过程。

第三步：淋洗损失需要增加作物对养分的需求量。这种潜在损失只有当硝态氮淋洗到根区下方时才能发生。表12提供了按土壤淋洗指数划分的无机氮损失的百分数。

（6）计算因施用造成的氮损失量。表11可以用于估算粪肥施入土壤后铵态氮的挥发量。

（7）按养分种类计算粪肥施用量。在选择主要养分来计算粪肥施用量时，应考虑到土壤测试结果、作物对养分的需求以及环境的敏感性。粪肥中的养分（N、P$_2$O$_5$、K$_2$O）含量比可以与作物养分需求比例相比较。如果养分比例不平衡，应该加强措施减少施用量，以防止超过土壤限制量或作物的需求量。

（8）用粪肥的有效养分量计算施用面积。用上一步所选择的主要养分在粪便中含有的有效含量除以作物生产中每亩需要的养分量，所得数据即为该种养分进行田间施用时所需要的面积。需要补充的养分可以通过其他来源供给（如化肥）来满足作物和土壤对养分的需求，以实现目标产量。

（9）确定粪肥的单位施用量。①固态粪便施用量的确定可用粪肥质量（吨）除以施用面积得到，单位为吨/亩。②液态粪便单位施用量的计算。液态粪便在田间一般采用管道和喷灌进行施用，但也可通过拖运到田间然后施用的方式。为了确定施用量，采用施用粪便的体积除以施用面积得到，单位为升/亩。

例5：某农场有200头奶牛，平均体重550千克，日产奶45千克，全年进行封闭养殖。所有粪便、挤奶间/牛奶储藏室的废水均抽到储存池，无径流流入储存池。挤奶间和牛奶储藏室的废水量为20升/（头·天）。粪便在每年春季施用，并且在一天内耕翻到地里。施用粪便的土地用来生产玉米，目标产量为550千克/亩，并且已经施用了多年。在没有养分含量测定结果的情况下，计算养分产生总量以及按作物对氮、磷、钾养分的需求分别确定消纳粪便需要的土地面积。

步骤1：估算粪便中的总养分含量。

储存期内养分量＝动物数量×动物平均体重×

日养分产生量×储存时间，即：

奶牛粪便的氮、磷、钾各养分值可以从相关资料查得，氮、磷、钾的日产生量每1 000千克分别为0.76千克/天、0.14千克/天、0.35千克/天，计算如下：

N=200×550×0.76×365/1 000=30 514（千克）

P=200×550×0.14×365/1 000=5 621（千克）

K=200×550×0.35×365/1 000=14 052.5（千克）

步骤2：加上废水中养分的含量（肉牛养殖无需此步骤）。

从表8得知每1 000升废水中的氮、磷、钾的估算量为0.2千克、0.1千克、0.3千克。

废水中的养分量=动物数量×每天的废水产生量×每天的养分产量×总天数，即：

N=200×20×0.2×365/1 000=292（千克）

P=200×20×0.1×365/1 000=146（千克）

K=200×20×0.3×365/1 000=438（千克）

养分总量为：

总N=30 514＋292=30 806（千克）

总P=5 621＋146=7 767（千克）

总K=14 052.5＋438=14 490.5（千克）

转换成肥料形式为：

总N=30 806（千克）

总$P_2O_5$=7 767×2.29=17 786.4（千克）

总$K_2O$=14 490.5×1.21=17 533.5（千克）

步骤3：减去储存期间养分的损失量。

表10中，使用"储存池中保存的液态和固态粪

便（稀释倍数小于50%）"该项最低值进行估算，用步骤2得到的总养分量乘以养分剩余百分比，可得出除去储存过程中损失后剩余的养分总量。

扣除储存损失后的养分总量＝总养分量×养分剩余系数。该数值也就是田间施用时的粪便有效养分总量。

$$N=30\ 806×0.65=20\ 023.9（千克）$$

$$P_2O_5=17\ 786.4×0.80=14\ 229.1（千克）$$

$$K_2O=17\ 533.5×0.80=14\ 026.8（千克）$$

步骤4：计算作物可利用的有效养分。

利用表13计算可被作物利用的有效养分量。

作物可利用的有效养分量＝粪便养分量×作物有效利用养分百分数，即：

$$N=20\ 023.9×0.68=13\ 616.3（千克）$$

$$P_2O_5=14\ 229.1×0.90=12\ 806.2（千克）$$

$$K_2O=14\ 026.8×0.93=13\ 044.9（千克）$$

步骤5：确定达到目标产量作物的养分需求量。

按表15中玉米数值，计算收获部分带走的养分量。

$$N=550×2.57/100=14.1（千克/亩）$$

$$P_2O_5=550×0.86/100=4.7（千克/亩）$$

$$K_2O=550×2.14/100=11.8（千克/亩）$$

在此不考虑氮的反硝化、淋洗和施用作业所造成的氮损失。

步骤6：计算粪肥施用的面积。

施用面积＝粪便所含有效养分量/单位面积施用量，即：

$$S_N=13\ 616.3/14.1=966\ （亩）$$
$$S_{P_2O_5}=12\ 806.2/4.7=2\ 725\ （亩）$$
$$S_{K_2O}=13\ 044.9/11.8=1\ 106\ （亩）$$

从以上计算结果可以看出，仅需要966亩耕地就可以完全利用粪肥中的氮素养分，但是需要2 725亩耕地才能保证磷素不会过量施用。利用此方法也可以计算养殖场所需要的配套耕地面积，具体采取何种施肥策略要根据地方政府的相关规定进行确定。

## （五）粪肥田间施用技术

粪肥田间应用是种养结合模式的终极目标，其在我国有着悠久的历史，也是欧美发达国家消纳畜禽粪便最常应用的方法之一。粪肥养分全面、肥效长，富含有机质，在培肥土壤方面的作用是化肥无可替代的；但其养分含量低，一次性施用量大，大面积施用需要大型机械才能完成。粪肥主要用作基肥，也可以用作追肥施用，常见的施用方法分成两类：液态粪肥的喷施（注施）和固体堆肥的机械撒施。本文只对机械施用相关内容加以讲述。

### 1.液态粪肥的施用

液态粪肥是指固体物含量小于5%的粪肥，经氧化池和厌氧池处理过的粪肥可以进行田间应用，已逐渐被全球农业生产所接受。固体物含量为5%～15%的浆态粪肥经稀释后也可以使用液态粪肥所采用的田间施用方式。

（1）沟施。农田与养殖场距离较近（1 000米以内）时，应用衬渠或管道，或两者相结合的方式，将粪肥输送到田间，通过各个支渠进行施用。渠道和管道输送系统应采取防漏和防渗措施，防止粪肥在输送过程中发生渗漏，造成周围地表水的污染。该种方式建设成本低，运行费用少；但施用效果均一性较差，严重时会影响作物的长势，也容易形成地表径流，坡度差异较大的地块要慎用。

（2）喷施。通过输送管道或罐车，将液态粪肥输送到田间，管道与喷灌系统相连接，使用大口径的喷嘴将粪肥喷施到田里，如图20所示。含有垃圾、研磨剂、垫圈物或纤维物质的粪肥不适合使用这种喷灌装置，除非对粪肥进行切割或研磨等预处理。

图20　行走式喷施

喷施比机械运输方式快捷，喷施均匀度较高，但建设成本和运行费用也较高。应结合土壤特性注意以下几个问题：①排水和吸水速率较慢的土壤会造成地表径流和积水，这很有可能导致土壤不均匀渗透，会对河流造成潜在的污染。②在有一定坡度的高地上进行田间应用时，粪肥施用量要小于土壤的吸收量才能确保径流不会进入水体。③高地下水位意味着有粪肥分解产生的养分只需移动很短的距离就能污染地下水，而土层较浅或沙性土壤的过滤能力较低，会增加这种污染的风险性。④排水性极强的土壤往往作物产量较低，这是因为施入的养分和灌溉水在这种土壤中的移动速度很快，而作物只能吸收较少的一部分。

喷施设备有人工移动式、拖管式、侧滚轮式、固定式和行走式大型喷枪以及中心轴喷灌设备。各种设备各具特点，应根据粪肥特性、运输距离、施用面积、地块特征进行选择，具体需考虑的因素见表16。

表16　选择喷施设备需考虑的因素

| 考虑因素 | 人工移动式 | 拖管式 | 侧滚轮式 | 行走式 | 中心轴式 |
|---|---|---|---|---|---|
| 固体物含量 | 最高4% | 最高4% | 最高4% | 最高10% | 最高10% |
| 运行规模 | 小 | 小 | 小到中 | 大小所有 | 大小所有 |
| 劳动力需求 | 高 | 中 | 中 | 低 | 低 |
| 投资成本 | 低 | 低 | 中 | 中低 | 高 |
| 运行费用 | 低 | 高 | 高 | 高 | 高 |
| 扩容需求 | 需更多管道和设备 | 需更多管道和设备 | 需更多管道和设备 | 需更多管道和设备 | 需更多管道和设备 |

（续）

| 考虑因素 | 人工移动式 | 拖管式 | 侧滚轮式 | 行走式 | 中心轴式 |
|---|---|---|---|---|---|
| 看护时间 | 长 | 长 | 长 | 长 | 短 |
| 土壤类型 | 适合吸收率范围广的土壤 | 适合吸收率范围广的土壤 | 适合吸收率范围广的土壤 | 适合吸收率范围广的土壤 | 适合吸收率范围广的土壤 |
| 地表形状 | 广泛 | 广泛 | 有限 | 广泛 | 广泛 |
| 作物高度 | 可适应 | 低 | 低 | 可适应 | 可适应 |

（3）土壤注射。表面撒施的液态粪肥在4～6小时之内氮素的挥发损失是非常明显的。将液态粪肥注射（也称为切入或凿入）到10厘米左右深度的土壤，可有效减少臭味的产生和养分的损失。

受拖拉机动力的限制，早期的注射器有时安装在罐体的前部或拖拉机与罐体间的连接杆上，这是为了提高注射深度以及操作者的视线。然而，这种方式给拖拉机与罐体的连接带来不便，也影响了注射的效果，在罐车车轮的压力作用下已注入土壤中的粪肥又会重返地表。而现在的注射器均安装在罐体的后部。

按犁土方式的不同，注射器分为铲式注射器和圆盘式注射器。①铲式注射器采用一个宽33～67厘米的金属铲，先将土壤犁开一条沟，然后注入液态粪肥，后部拖曳的盖板重新将掀开的土壤回填到沟中，注入的粪肥会被土壤覆盖，如图21所示。在施用量较大时，这种注射器会使液态粪肥向上渗出，然后沿下坡流动。土壤中有大块岩石或土壤较僵硬时，注射器的深度较难控制，特别是在使用较宽的铲（刀）片

图21　铲式注射器

时；石头较少、较为松散的土壤注射效果更均匀。
②圆盘式注射器采用直径约为67厘米的圆形刀片，圆
盘边缘是凸凹不平的。这些圆盘在土壤表面下水平滚
动，随着土壤被圆形刀片抬起，粪肥被注入刀片的下
方，如图22所示。圆盘的安装不是垂直的，而是与前
行的方向稍呈一定的角度。这样当粪肥被注入土壤后，
就能得到良好的覆盖。通常情况下，罐车后部要安装
4～6个或最多16个的注射器，间距约67厘米。

图22　圆盘式注射器

土壤表面含水量、场地地形和行驶速度影响了牵引罐车拖拉机的动力需求，同时也受注射器的设计和注射深度的影响。例如，要牵引12 000升的罐车，其带有4个注射器，注射到已耕土壤10厘米深度，以每小时5千米的速度行进，应需要58.83千瓦的动力。

### 2.固体粪肥的施用

固体粪肥施用一般要运输到田间，进行表面撒施，随后用圆盘犁或錾形犁等耕具将粪肥混入土壤。

尾部抛撒的箱式撒施机具有普遍性，可以进行固体粪肥的运输和撒施作业。装载容量一般为1 ～ 25米³，如图23所示。这种设备投资相对较低，使用简单。箱式撒施机可安装到拖车上，由拖拉机牵引，也可安装到卡车架上。卡车撒施机的优点是容量高、运输速度快，适于运输距离较长时使用。对于小型到中型的养殖场，使用箱式撒施机进行运输和撒施更加方便、实用。

图23　箱式撒施机

　　抛撒式固体施肥机有垂直式和水平式两种方式，一般垂直式比水平式的抛撒器更能将原料打散，抛撒的范围更广，均匀性更好。

　　为提高固体粪肥在箱体内的流动性，开发出了V形底箱式撒施机，如图24所示。这种撒施机不仅适于固体粪肥的撒施，也可对含水量更高的浆态粪肥进行有效撒施，所以其适应性更为广泛。V形底箱式撒施机的肥料抛撒器可安装在箱体的后部和侧面。V形底箱式撒施机常被安装在卡车上，通常使用一个或多个螺旋推进器，将粪肥推送到侧面或后部的抛撒器上。后部抛撒器的优点是减小了抛到牵引车上的材料量，特别是在有风的条件下；而侧面排放的优点是用途多，如进行垫料的铺设。容量范围5～30米³，相应的拖拉机动力需求为44.12～117.60千瓦。这种类型的撒施机可撒施所有类型的粪肥，但最适合撒施固体、半固体或浆体粪肥。

图24　V形底箱式撒施机

3.粪肥施用时间的选择

确定粪肥施用时间应按以下规定进行。

（1）粪肥的矿化速率应尽可能与作物养分需求时间相吻合，必要的情况下应参考作物生长曲线。

（2）在风相对平静的天气下施用，可避免浮尘和臭味漂移到相邻地区，从而减少臭味对人类居住环境的影响。

（3）当地面没有冻结或未被雪覆盖时施用。

（4）在粪肥产生最小淋洗和径流的时期进行施用。

（5）当土壤含水量达到不会因设备碾压而提高土壤紧实度时进行施用。

（6）在土壤温度提高和空气变暖的清晨或气温下降、空气平稳的傍晚进行施用。

# 四、秸秆还田技术

秸秆还田可以以地养地，是低能耗、可持续的农业生产方式，对提高土壤有机质的含量和质量、改善土壤的物理性状、培肥土壤、增加土壤微生物活性、提高作物增产的潜力、防止农田土壤沙化和改善农业生态环境有重要的作用（图25）。同时，秸秆通过还田，可防止焚烧秸秆污染环境，实现秸秆的资源化利用，促进循环农业的发展。因此，如何做到合理、科学地实施秸秆还田就显得尤为重要。本文从秸秆直接还田及生物反应堆等技术模式、影响因素、注意事项等方面阐述秸秆还田技术，对广大农民资源化、肥料化利用秸秆有一定指导作用。

图25　秸秆还田"变废为宝"

## （一）主要秸秆还田技术

### 1.玉米秸秆还田全膜双垄集雨沟播技术模式

本技术模式适宜年降水量为300～500毫米的陕西、宁夏、山西及甘肃中东部等地的玉米种植区。

（1）秸秆处理。玉米成熟后运穗出地，将秸秆粉碎均匀撒入田中。秸秆还田后趁秸秆青绿（最适宜含水量30%以上）时，在秸秆上撒施秸秆腐熟剂（图26），按每1 000千克秸秆施用4～8千克秸秆腐熟剂（具体用量参照秸秆腐熟剂产品说明书的推荐用量），也可兑水喷洒在粉碎的秸秆上，用机械深翻入土。

图26　向秸秆上撒施腐熟剂

（2）增施氮肥。一般可选择基肥增施尿素等速效氮肥，按风干秸秆计算，每1 000千克秸秆要增施尿素6～10千克。由于秸秆中还有大量各种营养元素，可以减少磷肥、钾肥和中微量元素肥料的用量。

（3）起垄整地。在起垄时，按大小垄规格先画出大小行，在田边留出40～50厘米，再按"小垄+大垄"依次类推。用步犁沿小行画线处来回向中间耕翻，在整理垄面时，将犁臂落土用手耙刮至大行中间形成大垄，也可用机械直接起垄。大小垄总宽度为120厘米，大垄宽为70～80厘米，高为5～10厘米；小垄宽为40～50厘米，高为15～20厘米。缓坡地应沿等高线起垄，垄沟、垄面的宽窄要均匀，垄脊高低一致。

（4）地面覆膜。在起垄后，全垄覆盖地膜，地膜相接处在大垄的垄脊中间。膜与膜间不留空隙，用下一垄沟内的表土压住地膜。地膜与垄面、垄沟应贴紧，每隔2米横压土腰带，防大风揭膜，拦截径流。在垄沟内，每隔50厘米打一个雨水入渗孔。

（5）注意事项。种植玉米要选用抗旱包衣种子。海拔高度在2 000米以下的地区，选用中晚熟品种；海拔高度在2 000米以上的地区，选用中早熟品种。肥力水平较高的地块，株距为30～35厘米，大行距为70～80厘米，小行距为40～50厘米，每亩保苗3 200～3 700株；肥力水平较低的地块，株距适当放宽为35～40厘米，每亩保苗2 800～3 200株。

2.玉米秸秆粉碎还田技术模式

本技术模式（图27）适宜地势平坦、机械化程度较高的北方玉米种植区。耕作方式可单作、连作或轮作，田间作业以机械化作业为主。技术要点如下。

图27　玉米秸秆粉碎还田（梁宝忠／摄）

（1）秸秆处理。在玉米成熟后，采取联合收获机械收割的，边收穗边粉碎秸秆，并覆盖地表；采用人工收割的，在摘穗、运穗出田块后，用机械粉碎秸秆并均匀覆盖地表。秸秆粉碎长度应小于10厘米，留茬高度小于5厘米。在秸秆覆盖后，趁秸秆青绿（最适宜含水量30%以上）时，可施用秸秆腐熟剂，按每1 000千克秸秆施用4～8千克秸秆腐熟剂（具体用量参照秸秆腐熟剂产品说明书的推荐用量）。

（2）增施氮肥。一般可选择基肥增施尿素等氮肥，按风干秸秆计算，每1 000千克秸秆要增施6～10千克尿素，可以减少磷肥、钾肥和中微量元素肥料用量。

（3）深翻整地。采取机械旋耕、翻耕作业，将粉碎玉米秸秆、尿素与表层土壤充分混合，及时耙实，以利保墒。为防止玉米病株被翻埋入土，在翻埋玉米秸秆前，及时进行杀菌处理。在秸秆翻入土壤后，需灌水调节土壤含水量，保持适宜的湿度，达到快速腐解的目的。

（4）注意事项。在玉米秸秆还田地块，早春地温低，出苗缓慢，玉米易患丝黑穗病、黑粉病，可选用包衣种子或相关农药作拌种处理。发现丝黑穗病和黑粉病植株要及时深埋病株。玉米螟发生较严重的秸秆，可用苏云金杆菌杀虫剂200倍液处理。

### 3.小麦秸秆墒沟埋草还田技术模式

本技术模式适宜小麦、水稻轮作区，主要解决小麦秸秆量过多、难以全量就地还田的问题。

（1）开挖墒沟。在冬小麦播种后，开挖田间墒沟，防止小麦渍害。墒沟深20厘米、宽20厘米，沟间距要根据地形地貌、灌溉与排水设施实际情况确定。实行机耕、耕插、机收田块，墒沟间距要与机械作业宽幅匹配，一般墒沟的沟间距为10～15米。

（2）收获小麦。在小麦成熟后，根据灌浆程度和天气状况，适时采用机械收割，做到收脱一体化。大动力机械收割时，应尽量平地收割；小动力机械收割时，一般留高茬15厘米左右；人工收割时，尽量齐地收割，并在田间就地将小麦脱粒，小麦秸秆留于田中。

（3）秸秆还田。按每亩250～350千克小麦秸秆量就地均匀铺于农田畦面。对配有机械粉碎装置的收割机，将秸秆切段为5～10厘米，然后均匀铺散在农田畦面。对小麦产量高、秸秆量较多的田块,将多余小麦秸秆置于本田墒沟内,每亩150千克左右,不宜太多,以免影响后茬水稻灌水与排水。各地根据实际情况决定是否施用秸秆腐熟剂,如果施用秸秆腐熟剂,按每1 000千克秸秆施用4～8千克秸秆腐熟剂(具体用量参照秸秆腐熟剂产品说明书的推荐用量)。

(4)增施氮肥。一般可选择增施尿素等氮肥作基肥,按风干秸秆计算,每1 000千克秸秆要增施6～10千克尿素,酌情减少磷肥、钾肥和中微量元素肥料用量。

(5)田间管理。浅旋耕与整地后,在水稻秧苗栽(抛)前1天畦面浇透水,糊状抛秧,灌水定苗活棵。灌溉条件良好的地区可在秸秆还田后灌水泡田1～2天,以泡透为宜。在水稻整个生育期,以湿润灌溉为主,调节土壤含水量。分蘖期建立浅水层,拔节期适时控水,抽穗至灌浆结实期间隙灌溉(每隔5～7天灌1次水),以加速秸秆腐熟。墒沟秸秆在水稻生长过程中进行腐解,在秋播时,将墒沟内腐烂的秸秆挖出,施入本田用作小麦基肥或盖籽肥。

(6)注意事项。在麦稻轮作过程中,水稻、小麦收割后,田间要按一定规律排序开沟,在下茬作物收获时,选择不同位置继续开沟埋草,一般是6～8茬为一个循环周期,实现田间全部埋草一遍,土壤普遍轮耕和休耕一遍。对于稻麦连续少(免)耕的,应适时深耕一次,合理深耕翻周期为2～3年1次,其耕翻时间在稻熟时进行(夏耕)。

### 4.小麦秸秆粉碎还田技术模式

本技术模式（图28）适宜小麦、玉米轮作区。

图28　小麦秸秆粉碎还田（梁宝忠／摄）

（1）秸秆处理。在小麦成熟后，适时采用机械收割，做到收脱一体化。大动力机械收割时，应尽量平地收割；小动力机械收割时，一般留高茬15厘米左右；人工收割时，尽量齐地收割，并在田间就地将小麦脱粒，小麦秸秆留于田中。按每亩250～350千克小麦秸秆量就地均匀铺于农田畦面。对配有机械粉碎装置的收割机，将秸秆切段为5～10厘米，然后均匀铺散在农田畦面。各地根据实际情况决定是否施用秸秆腐熟剂，如果施用秸秆腐熟剂，按每1000千克秸秆施用4～8千克秸秆腐熟剂（具体用量参照秸秆腐熟剂产品说明书的推荐用量）。

（2）增施氮肥。一般可选择增施尿素等氮肥作基肥，按风干秸秆计算，每1 000千克秸秆要增施6～10千克尿素，酌情减少磷肥、钾肥和中微量元素肥料用量。

（3）注意事项。在处理秸秆时，清除病虫害较严重的稻草和田间杂草。对于连续少（免）耕的，应适时深耕一次，合理深耕翻周期为2～3年1次，其耕翻时间在稻熟时进行（夏耕）。

### 5.水稻秸秆粉碎还田技术模式

（1）秸秆处理。水稻实行机械或人工收割时，留茬高度应小于15厘米。收割机加载切碎装置，边收割边将稻草切成长10～15厘米的碎草（图29）；人工收割后稻草也要按10～15厘米长度粉碎。将粉碎的稻草均匀撒铺在田里，平均每亩稻草还田量为300～400千克。南方稻田，当土壤温度与土壤微生

图29　水稻秸秆粉碎还田

物条件满足不了秸秆快速腐熟的要求，则需要施用秸秆腐熟剂，按每1000千克秸秆施用4～8千克秸秆腐熟剂（具体用量参照秸秆腐熟剂产品说明书的推荐用量）。

（2）增施氮肥。一般可选择增施尿素等氮肥，按风干秸秆计算，每1000千克秸秆要增施6～10千克尿素，酌情减少磷肥、钾肥和中微量元素肥料用量。

（3）注意事项。在处理秸秆时，清除病虫害较严重的稻草和田间杂草。在基肥和秸秆腐熟剂施用后，立即灌入10厘米深水泡田，5～7天后田间留2～3厘米浅水，免耕抛秧，或用旋耕机耕田整地、栽插晚稻。分蘖苗足后排水晒田。采用免耕抛秧栽培的稻田，抛秧前平整田面，避免田面深浅不一。

### 6.水稻秸秆覆盖还田技术模式

（1）秸秆处理。在水稻收割时，留茬高度小于15厘米，割下的稻草全量还田（图30）。根据不同下茬作物，选择不同稻草覆盖方式。种植油菜的，水稻收获后趁墒将稻草均匀覆盖于水稻田宽窄行的窄行中，宽行留作免耕种油菜。种植小麦的，在施足基肥、播种小麦后再盖草，每亩覆盖稻草量450～600千克。种植马铃薯的，在马铃薯栽种后，趁着垄面湿润覆盖稻草，盖草后淋一次水或撒土压草，1亩稻田的稻草覆盖1亩马铃薯田。种植冬种蔬菜的，应在蔬菜播种后，按每亩稻草用量250～300千克直接铺盖或撒铺，以不见表土为准。稻草撒铺后，各地根据实际情况决定是否施用秸秆腐熟剂，如果施用秸秆腐熟剂，按每1 000千克秸秆施用4 ~ 8千克秸秆腐熟剂（具体用量参照秸秆腐熟剂产品说明书的推荐用量）。

图30　水稻秸秆覆盖还田

（2）增施氮肥。一般可选择增施尿素等氮肥，按风干秸秆计算，每1 000千克秸秆要增施6 ~ 10千克尿素，酌情减少磷肥、钾肥和中微量元素肥料用量。

（3）注意事项。在低洼易积水的果园地或土壤过于黏重的田块不适合采取稻草覆盖还田方式。有严重病虫害的稻草不宜直接覆盖，需将其高温堆沤腐熟后再利用。

### 7.水稻秸秆留高茬还田技术模式

（1）秸秆处理。水稻成熟后，采用机械联合收割或人工收获，留茬高30 ~ 40厘米。若当地土壤温度在12℃以上，且土壤含水量能保证在40%以上时，可施用秸秆腐熟剂，按每1 000千克秸秆施用4 ~ 8千克秸秆腐熟剂（具体用量参照秸秆腐熟剂产品说明书的推荐用量）。

（2）增施氮肥。一般可选择增施尿素等氮肥，将水田碳氮比调至20～40。施用量要根据配方施肥建议和还田秸秆有效养分量确定，酌情减少磷肥、钾肥和中微量元素肥料用量。

（3）旋耕。施肥后，用旋耕机进行旋耕，将稻茬和秸秆腐熟剂一并翻埋入土壤内。

（4）注意事项。在处理秸秆时，清除病虫害较严重的稻草和田间杂草。

### 8.秸秆还田注意事项

（1）秸秆还田数量。从生产实际来说，以秸秆就地还田为宜。秸秆还田量主要由当地的作物产量、气候条件、耕作方式以及利用方式决定，而没有一个固定的还田量。在免耕直播单季水稻上，油菜还田量为120～360千克/亩时，水稻产量随秸秆用量而增加，但是用量达到480千克/亩时产量不再增加。

总体来说，小麦秸秆的适宜还田量以200～300千克/亩为宜，玉米秸秆以300～400千克/亩为宜。肥力高的地块还田量可适当高些，肥力低的地块还田量可低些。每年每亩地一次还田200～300千克秸秆可使土壤有机质含量不会下降，并且程度逐年提高。果、桑、茶园等则需适当增加秸秆用量。

（2）秸秆还田时间。秸秆还田的时期多种多样，无一定式。玉米、高粱等旱地作物的还田应是边还田边翻埋，以使高水分的秸秆迅速腐解。果园则以冬闲时还田较为适宜。要避开毒害物质高峰期以减少对作物的危害，提高还田效果。一般水田常在播前40天还田为好，而旱田应在播前30天还田为好。

（3）秸秆还田深度。水田栽秧前8～15天秸秆直接还田，浸泡3～4天后耕翻，5～6天后耙平、栽秧。秸秆翻入深度一般以拖拉机耕翻18～22厘米较好。稻区小麦秸秆、油菜秸秆施入水田深度以10～13厘米为好，做到泥草相混，加速分解。玉米秸秆还田时，耕作深度应不低于25厘米，一般应埋入10厘米以下的土层中，并耙平压实。秸秆还田后，使土壤变得过松、大孔隙过多，导致跑风跑墒，土壤与种子不能紧密接触，影响种子发芽生长，使小麦扎根不牢，甚至出现吊根死苗，应及时镇压灌水。秸秆直接翻压还田，应注意将秸秆铺匀，深翻入土，耙平压实，以防跑风漏气，伤害幼苗。

（4）土壤的含水量。通常情况下，当温度为27℃左右，土壤持水量55%～75%时，秸秆腐化、分解速率最快；当温度过低，土壤持水量低于20%时，秸秆分解几乎停止。还田时秸秆含水量应不少于35%，过干不易分解，影响还田效果。

秸秆还田的地块，表层土壤容易被秸秆架空，会影响秋播作物的正常生长。为踏实土壤，加速秸秆腐化，在整好地后一定要浇好踏墒水。如果怕影响秋播作物的适期播种，也要在播后及时灌水。土壤水分状况是决定秸秆腐解速率的重要因素，秸秆直接翻压还田的，需把秸秆切碎后翻埋土壤中，一定要覆土严密，防止跑墒。对土壤墒情差的，耕翻后应灌水；而墒情好的则应镇压保墒，促使土壤密实，以利于秸秆吸水分解。在水田水浆管理上应采取"干湿交替、浅水勤灌"的方法，以避免出现影响出苗甚至烧苗的现象；并适时搁田，改善土壤通气性，因为秸秆还田后，腐解过程中会产生许多有机酸，在水田中易累积，浓度大时会造成危害。

玉米秸秆还田时，应争取边收边耕埋；小麦秸秆还田时，应先用水浸泡1～3天，土壤含水量也应大于65%。小麦播种后，用石磙镇压，使土壤密实，消除大孔洞，大小孔隙比例合理，种子与土壤紧密接触，利于发芽扎根，可避免小麦吊根现象。秸秆粉碎和旋耕播种的麦田，整地质量较差，土壤疏松、通风透气，冬前要浇好冻水。

（5）肥料的搭配施用。大小麦、玉米秸秆的碳氮比为80～100，而微生物生长繁殖要求的适宜碳氮比为25。微生物分解作物秸秆，在秸秆分解初期，需要吸收一定量的氮素营养，如果氮供应不足，会造成与作物争氮，秸秆分解缓慢，麦苗因缺氮而黄化、苗弱、生长不良。为了解决微生物与作物幼苗争夺养分的矛盾，在采用秸秆还田的同时，一般还需补充配施一定量的速效氮肥，以保证土壤全期的肥力。若采用覆盖法，则可在下一季作物播种前施用速效氮、磷肥。

一般100千克秸秆加10千克碳酸氢铵，把碳氮比调节至30左右。适当增施过磷酸钙，促进微生物的生长，也有助于加速秸秆腐解，同时提高肥效。加入一些微生物菌剂，以调节碳氮平衡，促进秸秆分解、腐化。在秸秆还田时，也可加入一定量的氨水，以减少硝酸盐的积累和氮的损失。此外，还可加入一定量石灰氮，既调节碳氮比，同时石灰氮的强腐蚀性有利于促进秸秆快速分解。

（6）秸秆还田配套措施。为了克服秸秆还田的盲目性，提高效益，在秸秆还田时需要采取大量的配套措施。试验表明：秸秆翻压深度会影响作物苗期的生长情况，小麦秸秆翻压深度大于20厘米时，或者耙匀于20厘米耕层中，对玉米苗期生长影响不大；翻压深度小于20厘米，对苗期生长不利。从粉碎程度来看，秸秆长度小于10厘米较好。秸秆翻压后，使土壤变得疏松，大孔隙增多，导致土壤与种子不能紧密接触，影响种子发芽生长。因此，秸秆还田后应该适时灌水、镇压，减少秸秆还田对作物生长的影响。秸秆还田时，秸秆应均匀平铺在田间，否则秸秆过于集中，容易导致作物局部出苗不齐。

（7）秸秆还田的病虫害防治。秸秆中有时含有多种病原菌和害虫的卵、幼虫、蛹等，如发生小麦吸浆虫、小麦纹枯病、小麦全蚀病、玉米叶斑病等的植株，当秸秆翻入土壤后，秸秆中的病菌与虫卵不能随之灭亡。未腐熟的秸秆也有利于地下害虫取食、繁殖和发生。随着田间病残体逐年增多，土壤含菌量不断积累，病虫害发生呈加重趋势，容易造成病虫害当年发生或者越冬后发生。而且病菌越积累越多，增加治理难度，病虫害严重时影响收成，增加农药使用量，农药残留势必会影响作物品质。

为了更好地避免秸秆还田带来的病虫害，秸秆还田地块必须加强播种期病虫害的防治。播前整地时，可以施用3%辛硫磷或3%水胺硫磷粉粒剂4～5千克/亩，加细土10千克随犁地施入土壤，防治地下害虫。用杀菌剂加杀虫剂拌种，如苯醚甲环唑、多菌灵等杀菌剂加辛硫磷拌种，从而有效预防病虫害的发生。

## （二）秸秆生物反应堆技术

秸秆生物反应堆技术是在一定的工艺设施条件下，将秸秆在微生物的作用下转化成作物生长需要的二氧化碳、有机和无机养分，进而保证作物高产、农产品优质的一种生物工程技术，实现了农业废弃物资源化利用、农民增收、农业增效、生态环境友好的目标。

秸秆生物反应堆技术应用主要有3种方式：内置式反应堆、外置式反应堆和内外置结合式反应堆。其中，内置式反应堆又分为行下内置式反应堆、行间内置式反应堆和树下内置式反应堆；外置式反应堆又分为简易外置式反应堆和标准外置式反应堆。选择应用方式时，主要依据生产地种植作物种类、定植时间、生态气候特点和生产条件而定。

1.内置式秸秆生物反应堆

（1）行下内置式反应堆。

反应堆所用原料：每亩使用原料量为秸秆

3 000～5 000千克、秸秆腐熟菌种6～10千克、植物疫苗3～5千克、麦麸180～300千克、饼肥100～200千克。所用秸秆为整秸秆或整秸秆与粉碎秸秆的混合物。

操作流程：操作方法与流程示范见图31。①开沟。采用大小行种植，一般一堆双行。大行（操作行）宽90～110厘米，小行宽60～80厘米。在小行（种植行）位置进行开沟，沟宽70～80厘米，沟深20～25厘米。开沟长度与行长相等，开挖的土按等量分放沟两边，集中开沟。②铺秸秆。全部开完沟后，向沟内铺放干秸秆（玉米秸、麦秸、稻草等），一般底部铺放整秸秆（如玉米秸、棉花秆等），上部放碎软秸秆（如麦秸、稻草、食用菌下脚料等）。铺完踏实后，厚度25～30厘米，沟两头露出10厘米秸秆茬，以便进氧气。③撒菌种。将处理好的菌种，按每沟所用量均匀撒在秸秆上，边铺放秸秆边撒菌种，并用锨轻拍一遍，使菌种与秸秆均匀接触。新棚要先撒100～150千克饼肥于秸秆上，再撒菌种。有牛马羊兔粪便的，可先把菌种的2/3撒在秸秆上，铺施一层粪便后，再将剩下的菌种撒上。④覆土。将沟两边的土回填于秸秆上成垄，秸秆上土层厚度保持20厘米，然后将土整平。⑤浇水、撒疫苗。在大行内浇大水，水面高度达到垄高的3/4，水量以充分湿透秸秆为宜。隔3～5天后，将处理好的疫苗撒施到垄上与10厘米土掺匀、整平。撒疫苗要选择早上、傍晚或阴天，要随撒随盖，不要长时间在太阳下暴晒，以免紫外线杀死疫菌。⑥打孔。在垄上用打孔器打三行孔，行距20～25厘米，孔距20厘米，孔深以穿透秸秆层为准，以进氧气促进秸秆转化。孔打好后等待定植。

| 1. 开沟（深20厘米、宽70～80厘米） | 2. 铺秸秆（30厘米）、撒菌种 |

| 3. 覆土（18～20厘米）、浇水、打孔 | 4. 打孔、定植 |

图31　行下内置式反应堆操作方法与流程

（2）行间内置式反应堆。

反应堆所用原料：每亩使用原料量为秸秆2 500～3 000千克、菌种5～6千克、麦麸100～120千克、饼肥50千克。

操作流程：①开沟。一般离苗15厘米，在大行内开沟起土，开沟深15～20厘米，宽60～80厘米，长度与行长相等，开挖的土按等量分放沟两边。②铺秸秆。铺放秸秆厚20～25厘米，两头露出秸秆10厘米，踏实找平。③撒菌种。按每行菌种用量，均匀撒施菌种，使菌种与秸秆均匀接触。④覆土。将所起土回填于秸秆上，厚度10厘米，并将土整平。⑤浇水、撒疫苗。在大行间浇水湿润秸秆。浇水3天后，将处理好的疫苗撒施到垄上与10厘米土掺匀、整平。以后浇水在小行间进行。⑥打孔。浇水4天后，在离苗10厘米处打孔，按30厘米一行、20厘米一个，孔深以穿透秸秆层为准。

（3）树下内置式反应堆。根据不同应用时期又分全内置和半内置两种，它适用于果树。其他如绿化树、防沙林等附加值较高的树种可参照使用。

反应堆所用原料：每亩使用原料量为秸秆3 000～4 000千克、菌种6～8千克、果树疫苗2～4千克、麦麸160～240千克、饼肥60～90千克。

操作流程：①树下全内置式。在果树的休眠期适用此法。做法是环树干四周起土至树冠投影下方，挖土内浅外深10～25厘米，使大部分毛细根露出或有破伤。坑底均匀撒接一层疫苗，上面铺放秸秆，厚度高出地面10厘米，再按每棵树菌种用量均匀撒在秸秆上，撒完后用锨轻拍一遍，坑四周露出秸秆茬10厘米，以便进氧气。将土回填秸秆上，3～4天后浇足水，隔2天整平、打孔、盖地膜，待树发芽后用钢筋按30厘米×25厘米破膜打孔。②树下半内置式。果树生长季节适用此法。做法是将树干四周分成6等份，间隔呈扇形挖土（隔一份挖一份），深度40～60厘米（掏挖时防止主根受伤）。撒接一层疫苗，再铺放秸秆，铺放1/2时撒接一层菌种，待秸秆填满后再撒一层菌种，用铁锨轻拍后盖土，3天后浇水找平，按30厘米×30厘米打孔。一般不盖地膜，高原缺水地区宜盖地膜保水。

2.外置式秸秆生物反应堆

（1）外置式反应堆应用方式的选择与条件。

外置式反应堆应用方式：按投资水平和建造质量可分简单外置式和标准外置式两种。①简单外置式。只需挖沟，铺设厚农膜，用木棍、水泥杆、竹坯或树枝做隔离层，砖、水泥砌垒通气道和交换机底座就可使用。特点是投资少、建造快，但农膜易破损，使用期为一茬。②标准外置式。挖沟，用水泥、砖和沙子建造储气池、通气道和交换机底座，用水泥杆、竹坯、纱网做隔离层。投资虽然多，但使用期长。此方式按其建造位置又分棚外外置式和棚内外置式。低温季节建在棚内，高温季节建在棚外。棚外外置式上料方便，用户可根据实际情况灵活选择。每种建造工艺大同小异，要求定植或播种前建好，定植或出苗后上料，安上鼓风机使用。

反应堆所用原料量：每次每亩秸秆用量1 000～1 500千克、菌种3～4千克、麦麸60～80

千克。越冬茬作物全生育期加秸秆3～4次，秋延迟和早春茬加秸秆2～3次。

建造使用期：作物从出苗至收获，全生育期内应用外置式生物反应堆均有增产作用，越早增产幅度越大。一般增产幅度50%以上。

（2）外置式反应堆的建造工艺。①标准外置式。外置式生物反应堆建设方法见图32。一般越冬和早春茬建在大棚进口的山墙内侧处，距山墙60～80厘米。首先自北向南挖一条上口宽120～130厘米、深100厘米、下口宽90～100厘米、长6～7米（略短于大棚宽度）的沟，称储气池。将所挖出的土均匀放在沟上沿，摊成外高里低的坡形。用农膜铺设沟底（可减少沙子和水泥用量）、四壁并延伸至沟上沿80～100厘米，再从沟中间向棚内开挖一条宽65厘米、深50厘米、长100厘米的出气道，连接末端建造一个下口径为50厘米×50厘米（内径）、上口内径为45厘米、高出地面20厘米的圆形交换底座。沟壁、气道和上沿用单砖砌垒、水泥抹面，沟底用沙子水泥打底，厚度6～8厘米。沟两头各建造一个长50厘米、宽20厘米、高20厘米的回气道，单砖砌垒或者用管材替代。待水泥硬化后，在沟上沿每隔40厘米横排一根水泥杆（宽20厘米、厚10厘米），在水泥杆上每隔10厘米纵向固定一根竹竿或竹坯，这样基础基本完成。其次开始上料接种，每铺放秸秆40～50厘米，撒一层菌种，连续铺放3层，淋水浇湿秸秆，淋水量以下部沟中有1/2积水为宜。最后用农膜覆盖保湿，覆盖不宜过严，当天安机抽气，以便气体循环，加速反应。②简易外置式。开沟、建造等工序同标准外置式。只是为节省成本，沟底、沟壁用农膜铺设代替水泥、砖、沙砌垒。

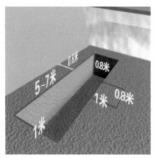

图32　外置式反应堆

（3）外置式反应堆使用与管理。外置式反应堆使用与管理可以概括为："三用"和"三补"。上料加水当天要开机，不分阴天、晴天，坚持白天开机不间断。①用气。苗期每天开机5～6小时，开花期7～8小时，结果期每天10小时以上。不论阴天、晴天都要开机，尤其是中午不能停机。研究证实：反应堆二氧化碳气体可增产55%～60%。②用液。上料加水后第二天就要及时将沟中的水抽出，循环浇淋于反应堆的秸秆上，每天一次，连续循环浇淋3次。如果沟中的水不足，还要额外补水。其原因是通过向堆中浇水能将堆上的菌种冲淋到沟中，如果不及时循环，菌种长时间在水中就会死亡。循环三次后的反应堆浸出液应立即取用，以后每次补水淋出的液体也要及时取用。原因是早期液体中酶、孢子活性高，效果好。

其用法按1份浸出液兑2～3份水灌根、喷叶，每月3～4次，也可结合每次浇水冲施。反应堆浸出液中含有大量的二氧化碳、矿质元素、抗病孢子，既能增加作物所需的营养，又可起到防治病虫害的效果。试验证明：反应堆液体可增产20%～25%。③用陈渣。秸秆在反应堆中释放出大量二氧化碳的同时，也转化成大量的矿质元素，除溶解于浸出液中，也积留在陈渣中。它是蔬菜所需有机和无机养分的混合体。将外置式反应堆清理出的陈渣收集堆积起来，盖膜继续腐烂成粉状物，在下茬育苗、定植时作为基质穴施、撒施，不仅替代了化肥，而且对苗期生长、防治病虫害有显著作用。试验证明：反应堆陈渣可增产15%～20%。④补水。补水是反应堆反应的重要条件之一。除建堆加水外，以后每隔7～8天向反应堆补1次水。如不及时补水会降低反应堆的效能，致使反应堆中途停止。⑤补气。氧气是反应堆产生二氧化碳的先决条件。秸秆生物反应堆中菌种活动需要大量的氧气，必须保持进出气道通畅。随着反应的进行，反应堆越来越结实，通气状况越来越差，反应就越慢，中后期堆上盖膜不宜过严，靠山墙处留出10厘米宽的缝隙，每隔20天应揭开盖膜，用木棍或者钢筋打孔通气，每平方米5～6个孔。⑥补料。外置式反应堆一般使用50天左右，秸秆消耗在60%以上。应及时补充秸秆和菌种，一次补充秸秆1 200～1 500千克、菌种3～4千克，浇水湿透后，用直径10厘米尖头木棍打孔通气，然后盖膜；一般越冬茬作物补料3次。

# 五、果树修剪物就地粉碎堆肥还田技术

近年来，由于产业结构调整，北京市果树种植面积的迅速发展，仅平谷区果树种植面积达33.5万亩，每年树枝、树叶等约产生废弃物16万吨。果农普遍采取随意丢弃、堆放、焚烧等传统处理方式，严重污染生态环境。将果树修剪物就地粉碎堆肥还田，不仅发酵周期短，生产效率高，操作不受场地的限制，适合野外作业，机动灵活，节省空间、人力；而且堆制过程中无异味、无粉尘，堆肥产品指标达到商品有机肥质量标准，堆肥不含重金属和抗生素，施用安全。本文介绍了利用园林废弃物堆肥的原理与操作技术要点，供农民朋友参考使用。

## （一）技术原理

树枝就地粉碎堆肥还田工过程如图33所示。果树栽培和绿化园林修剪下来的枝条经机械粉碎，粉碎后的木屑长度（1～5厘米）达到堆肥要求，通过添加畜禽粪便或尿素调节碳氮比，同时加入针对木质素、纤维素等难分解材料的秸秆腐熟剂，进行条垛堆肥。腐熟剂促进树枝分解，堆体温度很快达到50℃以上，20～40天即可完全腐熟，达到无害化标准，堆制成有机肥。该堆肥产品可就地施用于果园和园林绿化中培肥土壤。

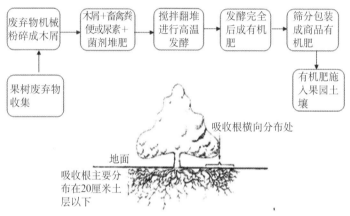

图33 树枝就地粉碎堆肥还田过程

## （二）技术要点

### 1.树枝粉碎

在有电的地方可以使用电力粉碎机，没有条件选用柴油可移动粉碎机具，将树枝粉碎成锯末状，长度为1～5厘米。

### 2.调节物料碳氮比

用尿素（或鸡粪）等材料调节树枝等堆肥原料的

碳氮比为25，一般尿素添加量为树枝质量的0.5%。

### 3.接种微生物菌剂

选用对木质素、纤维素分解能力强的腐熟剂，微生物腐熟剂的添加量是堆肥原料质量的0.1% ～ 0.2%。

### 4.条垛堆肥

寻找空闲场地，如果是疏松地表，把地面夯实或者铺一层塑料，把各种物料按比例混合，混拌均匀，堆成条垛。条垛的宽度、高度可根据不同物料及不同季节加以调整，如大颗粒物料可相应堆宽一些、高一些。发酵场地要求向阳通风，前期加覆盖物。物料比较紧密时，可以打孔改善物料的通透性，也是后期调控温度的一个环节。加大打孔的密度，物料中过多代谢的热可通过孔散掉，减少温度过高对发酵的不利影响。条垛成堆过程中加水，观察条垛无游离水渗出，水量以湿透树枝但不流出为宜，含水量一般为50% ～ 60%。

### 5.堆肥过程管理

条垛中间插入温度计，当物料温度超过50℃以后，通过倒垛使条垛温度降下来，同时补充少量水分，保持条垛湿温润。一般倒两次垛后，就可以把物料堆在一起成堆，陈化发酵。当物料中间的温度接近周围气温且不再明显升温时，表明物料已发酵腐熟，即可以作肥料使用。

## （三）处理成本核算

按照每亩果树平均修剪果枝500千克计算，粉碎用工5人次，1人上料，3人供料，1人转移粉碎的木屑。以每天工作9小时计算，1台机器的粉碎量在30亩地的果枝量，总质量为15吨左右。1亩地果树枝的处理成本为160元/亩，成本构成见表17。

表17  树枝收集粉碎堆肥成本核算

单位：元/亩

| 序号 | 类别明细 | 果枝粉碎堆肥成本 |
|------|----------|------------------|
| 1 | 粉碎人工成本 | 67 |
| 2 | 油料成本 | 23 |
| 3 | 尿素成本 | 4.1 |
| 4 | 发酵菌菌剂成本 | 17.5 |
| 5 | 修理费用 | 6.7 |
| 6 | 折旧费用 | 2 |
| 7 | 管理费用 | 22.4 |
| 8 | 环境维护费用 | 2 |
| 9 | 果枝收集运输费用 | 15 |
| | 合计 | 160 |

## （四）应用效果

一般每吨果枝经粉碎可堆肥0.3 ~ 0.4吨商品有机肥，按照每吨有机肥600元计算，每吨废弃果枝可产生经济效益180～240元。果树废弃物就地堆肥还田，一是改善了农村的生产生活环境，消除了火灾隐患；二是废弃物得到有效利用，减少资源浪费；三是这种方法堆制的有机肥有机质含量更高，更有利于改良土壤，而且产品不含重金属、抗生素等有害物质，施用更安全。

# 六、蚯蚓处理废弃物技术

　　蚯蚓处理废弃物技术是将农业废弃物配制成养殖蚯蚓的饲料，在专门场地或设施内，控制物料的温度、水分等，利用蚯蚓实现废弃物的无害化处理与资源化利用，同时生产蚯蚓增加收入。利用蚯蚓处理作物秸秆、动物粪便、生活垃圾等农业和生活废弃物有以下优点：一是提高废弃物处理的效益。利用废弃物饲养蚯蚓可显著增加蚯蚓生物量，产出的蚯蚓可用作养殖动物的饲料、加工药品原料等；同时蚯蚓粪是改良土壤的好材料，显著提高了处理废弃物的效益。二是降低处理废弃物的成本。利用蚯蚓处理废弃物可以显著减少机械粉碎、翻堆通气等常规工作内容，减少了机械、人力成本投入；同时还减少能源消耗、降低排放，起到降低成本的作用。三是蚯蚓处理废弃物技术简单易推广。利用蚯蚓处理废弃物既可以在田间地头、养殖场周围空地上操作，也可以在房前屋内用专门的设施处理，缩短废弃物运输距离、压缩废弃物处理周期，而且投入成本低，技术简单，容易掌握。

　　本文总结了使用蚯蚓处理农业废弃物的技术要点，主要内容包括蚯蚓饲料的配制、在场地利用蚯蚓处理农业废弃物技术、在箱体利用蚯蚓处理蔬菜秸秆技术三部分。

## （一）蚯蚓饲料的配制

将各种废弃物合理搭配，形成高品质的蚯蚓养殖饲料，有助于蚯蚓生长繁殖，同时也加快了处理废弃物的速度。以下从饲料要求、物料组成、物料前处理、饲料配方等方面介绍蚯蚓饲料的配制。

### 1.蚯蚓饲料要求

用作蚯蚓饲料的物料应经过充分发酵腐熟，具有适口性好，无酸臭、氨气等刺激性异味，营养丰富，易消化等特点；质地松软不板结，干湿度适中，无白蘑菇菌丝等；密度为$0.11 \sim 0.25$克/厘米$^3$，含水量$40\% \sim 50\%$。

### 2.可作蚯蚓饲料的物料

可作蚯蚓饲料的物料种类很多，包括植物源的杂草、树叶、秸秆等纤维类物质，畜禽粪便动物排泄物、菌渣、酒糟、糖渣等工业废弃物。

### 3.蚯蚓饲料的配制过程

蚯蚓饲料配制过程重点包括以下步骤与内容。

（1）物料收集。收集各种可以作为蚯蚓饲料的物料，将碎砖瓦砾、橡胶塑料、金属、玻璃等对蚯蚓有害的物质剔除，进行分类集中存放，以便用于饲料加工。

（2）确定蚯蚓饲料生产配方。可作蚯蚓饲料的原料非常多，根据收集方便程度与成本，确定蚯蚓饲料的生产配方。蚯蚓饲料主要原料为畜禽粪便和植物纤维两大类，二者合理比例一般为60：40，保证饲料的碳氮比为20左右。以下是6种常见低成本饲料配方，蚯蚓养殖户根据周围可以作蚯蚓饲料的农业废弃物资源量，灵活选择配方，探索出更适合当地的蚯蚓饲料配方。①牛粪100%。牛粪由于有机质含量高，发酵升温慢，可以直接用作蚯蚓饲料。②猪粪80%、杂草20%。以新鲜猪粪为主，掺入少量杂草。③蘑菇渣70%、猪粪30%。以蘑菇渣为主，掺入少量新鲜猪粪。④植物秸秆40%、猪粪30%、牛粪30%。⑤植物秸秆30%，猪粪、牛粪等粪便混合物40%，烂水果30%。⑥木屑20%，鸭粪、鸡粪等粪便混合物80%。

简易饲料喂养蚯蚓，饲养周期仅为1年左右；而投喂配方饲料的蚯蚓，周期可达5～8年，最长可达10～12年。为了幼小蚯蚓或种蚓更好地生长，可以配制一些高品质的专用饲料，配方见表18。

表18　蚯蚓或种蚓的饲料配方（体积比）

| 饲养对象 | 配方 |
| --- | --- |
| 幼蚓或种蚓 | 豆粕10%、豆腐渣50%、麦麸30%、肉骨粉10% |
| 幼蚓或种蚓 | 发酵鸡粪30%、残羹沉渣25%、菜籽饼20%、豆渣15%、糖渣10% |

（3）物料前处理。许多物料经过前处理以后，才能用于蚯蚓养殖。①调节含水量。含水量较高的秸秆类、粪便类物质通过晾晒、风干等方式将含水量调节为40%～50%，如果晒干、风干来不及，可加入较干的物料如锯末，调节其水分为40%～50%。②物料消毒。鸡粪等粪便还需加入1%生石灰粉对其进行消毒。③物料粉碎。大的物料需要经过粉碎才能用于配制饲料。植物类杂草、树叶、秸秆切碎1～2厘米；树枝需要粉碎至1厘米以下；蔬菜瓜果、畜禽下脚料粉碎成小块。④物料发酵。新鲜鸡粪、猪粪需要经过发酵处理后，才能用作蚯蚓饲料。将粉碎秸秆类物料和粪便类物料分层堆置发酵，最底层为秸秆类物料以吸收养分。每层物料厚度保持在10～20厘米，堆成60～80厘米高的方形堆，宽度一般2～3米适宜，长度依据场地确定即可，湿度调节至用手能捏成团，松手可以散开为宜，堆放在背风处。为了加快发酵速度，可定期对堆体进行倒堆。当堆体内温度达到40～50℃，闻到酒曲香味，发酵完成，发酵之后的物料即可作为蚯蚓饲料。因腐熟导致堆体有凹层，堆体上方要及时添加堆料或者覆盖物，防止雨水灌入。

## （二）在场地利用蚯蚓处理农业废弃物技术

在场地利用蚯蚓处理农业废弃物技术是在各种空地把不同农业废弃物配制成蚯蚓饲料，利用蚯蚓活动消纳处理有机废弃物。该技术具有处理条件简单、处理量大的优点，同时存在占用场地大、处理能力受温度与气候条件制约的问题。

### 1.适用范围

适合于规模化种植基地和养殖基地，如瓜果蔬菜种植园、中小型养殖场等。处理对象包括蔬菜秸秆、粮食秸秆、杂草、厨余垃圾、园林废弃物、畜禽粪便等物料。

### 2.场地规划与选址

按处理废弃物体积的大小确定蚯蚓养殖的面积，蔬菜种植园50亩以下处理场地100米$^2$即可，50～100亩处理场地150～200米$^2$即可，100～200亩处理场地200～300米$^2$即可。一般情况下，一亩地一年可以利用蚯蚓处理600米$^3$的粪便，养殖场可以根据粪便产生量选择场地的大小。场地宜选择土地平整、有水源的地区，形状以长方形为佳。

### 3.场地搭建与分区

各种空闲处理场地均可，建设具有遮阳避雨条件的场地更有利于蚯蚓养殖，采用设施冷棚形式即可；同时需要铺设水管，便于蚯蚓生长过程中定期补水。处理场地可分为条垛养殖蚯蚓区、晾晒区、原料粉碎区、原料堆肥区、蚯蚓粪堆放区等区域。

### 4.蚯蚓种获取与处理

处理秸秆废弃物的蚯蚓宜选择生长快、繁殖强、吞噬力大的蚯蚓种，一般为太平2号，可从蚯蚓养殖基地直接采购原种。选择个体体型大、健壮、活泼、生命力强的蚯蚓作为蚯蚓种，购买时需要了解蚯蚓种的质量是否经过提纯复壮、是否出现退化；还要了解销售蚯蚓种的企业能否提供售后服务，如提供储藏运输条件，保证蚯蚓种在运输途中正常存活。

蚯蚓种购买回来以后，先用1%～2%甲醛溶液喷洒在蚯蚓表面，5小时后再喷洒一遍清水；将药物处理过的蚯蚓种放入单独的器具中饲养，经过一周的饲养观察，确认无病态现象，放入饲养条垛中饲养。

### 5.利用蚯蚓处理废弃物

（1）饲料铺设。在购买蚯蚓之前，按前文第一部分内容将废弃物配制成饲料。饲料采用条垛式平铺，平铺厚度40～50厘米，宽度1.0～1.5米，长度依据场地可长可短，条垛之间间隔1米的距离。

（2）投放蚯蚓。在傍晚，向铺好的饲料上投放蚯蚓，每隔5米投放5千克蚯蚓，蚯蚓会自动进入饲料并分散开处理废弃物。

（3）日常管理。日常管理决定蚯蚓的生长状况，直接关系到废弃物处理的效果，是本技术的核心和关键。①温度管理。蚯蚓生活最佳温度为20～25℃。

春季超过14℃可以将覆盖的塑料薄膜撤去；秋冬季温度低于10℃应该升温，可以用增加粪肥、覆盖草料等方式提高温度；夏季温度超过30℃需要降温，搭建遮阳作物、遮阳网，适当喷水降低温度。②水分管理。蚯蚓生长最适宜的水分含量为60%～70%。实际生产中需靠经验去判断，手捏成团后，手指缝有积水，有少量滴水，含水量为50%～60%；手捏成团后，有间断的水滴，含水量为60%～70%；手捏成团后，水滴呈线状下滴，含水量为70%～80%。温度和湿度要保持相对平衡，夏季温度高时饲料透气性增强，需要频繁补水，水分蒸发降低温度；相反，冬季温度低时饲料通气性弱，蒸发较慢，水分不能保持太高。总之，温湿度管理切勿出现高温度、低湿度或者低温度、高湿度的现象。在春季惊蛰节气后7～10天，气温稳定在5℃以上时，可向过冬的蚯蚓堆体浇透水，保证蚯蚓快速成活。③饲料投放管理。观测到条垛高度明显下降，或者饲料变成均匀松散颗粒时，即可投放新鲜饲料。秋冬季可在上方覆盖厚30～50厘米的饲料，继续保持蚯蚓活性以及保证过冬；夏秋季在间隔区紧挨着原来的饲料铺放新鲜的饲料，蚯蚓会自己爬向新鲜饲料。秋季是处理废弃物效率最高的季节，可以大量投放作物秸秆，并注意秸秆养分含量，适当时需要更换饲料。

6.防止蚯蚓逃跑

如果饲养管理疏忽，往往会造成大量蚯蚓逃

跑，其原因及解决方法如下：①部分饲料仍在发酵而产生不良气体。需要充分发酵，堆体内温度达到40～50℃即表明发酵充分。②淋水过多，排水不良，饲料积水。加强地面排水或者地上遮雨设施。③饲养温度严重偏离蚯蚓生长适宜范围。温度过高应加强通风降温，温度过低要采取保温措施。④添加的饲料中有蚯蚓敏感的有毒成分。注意保障饲料来源可靠。

### 7.蚓粪分离

当饲料床物料颗粒大小呈现均一化即表明已全部粪化，此时应该清粪。可采取以下3种方法分离蚯蚓与蚯蚓粪。

（1）侧投法分离。把新饲料投放在旧饲料的两侧，经过1～2天，蚯蚓爬进新料床，然后将旧饲料和蚓茧、幼蚓全部移除。该方法适合于处理场地较大、废弃物量较多的园区。

（2）上投法分离。将新饲料撒在旧饲料上面，厚5～10厘米，然后用草帘覆盖，隔1～2天后，趁大部分蚯蚓钻入表面饲料中进食时，将表面新饲料快速刮至两侧，再除去中心粪料，然后把有蚯蚓的新饲料放在原处。在旧饲料床两侧平行设置新饲养料床，经2～3天或稍长时间后，成蚓自行进入新饲料床，这时可清除中心部分已粪化的旧饲料堆，然后把两侧新鲜饲料合拢到原来位置。该方法适合于处理场地较小的园区。

（3）光照法分离。在条垛一侧的空地铺一层厚塑料膜或者编织袋布，把条垛物料移动到铺好的膜或布上，强光照射后使得蚯蚓向下层移动，从上层依次刮走3～5厘米蚯蚓粪，蚯蚓逐渐向下方聚集，实现蚓粪分离。

8.蚓粪使用

分离的蚯蚓，量少的可以用作园区鸡、鱼的饲料，量大的可出售直接获取经济效益；分离的蚯蚓粪可作为高品质有机肥培肥土壤，还可作为栽培基质。

## （三）在箱体利用蚯蚓处理蔬菜秸秆技术

在养殖箱中利用蚯蚓处理蔬菜种植过程中产生的疏枝打叶的废弃物。该技术可实现园区废弃物自循环处理，具有周年处理、就地消纳、减少粉碎和分拣、降低病虫害发生等特点，同时需要固定人员进行管护，主要用于种植、管理水平较高的种植园区。

1.准备工具

该技术所用工具主要包括养殖箱、粉碎工具、晾晒架、喷壶等。

（1）养殖箱。可以购买，也可以自己制作。箱体以木材材质为最佳，具有方便移动、结实耐用等特点，体积1～2米$^3$适宜，高度不宜过高，便于蚯蚓大面积接触废弃物养殖箱可参考图34（箱体下方具有可移动轮子、箱体上方具有通气孔）。

图34 养殖箱

（2）其他工具。粉碎机或铡刀等器具，主要用来对废弃物进行适当的破碎，以便于蚯蚓利用；晾晒架用于秸秆暂时存放含水量高的物料，便于降低含水量；喷壶用于定期均匀补充水分。

2.投放蚯蚓种

在准备好工具之后，即可在箱体内接种蚯蚓，按箱体大小投放饲料和蚯蚓种。在箱底投放一层配好的饲料，厚度为10～20厘米，饲料均匀铺满箱底，蚯蚓接种密度按5千克/米³标准进行接种，以后在上面放蔬菜废弃物。

3.秸秆处理及投放

各种蔬菜废弃物需要进行前处理，黄瓜、茄子类由于叶片较大，需要在晾晒架上晾干（7～10天），进行适当粉碎后再用作蚯蚓饲料；番茄叶片较细小，可直接投入箱体，但要注意补充饲料水分；大白菜、油菜等叶类菜的下脚料，一般水分含量比较高，应拌入粉碎或者捣碎一些比较干的物料，如粉碎的秸秆、锯末等，调节其水分为60%～70%，改善其通气状况。

蚯蚓养殖箱物料下降的程度决定秸秆投放的频率，每次投放的秸秆厚度为10～20厘米，一般在夏秋季5～7天后、冬春季15～20天后秸秆出现腐烂和变色的情况，可以进行下一次秸秆的投放。

4.管理维护

要对养殖蚯蚓的人员进行专业培训，以确保其能按规程正确调控蚯蚓养殖过程。

（1）温度控制。在秋季（10月）至翌年春季（4月）将箱体移动到温室内，春季（4月）至秋季（10月）将箱体放在设施工作间里（或者阴凉通风处），箱体温度保持在8～30℃；同时避免阳光直射，防止阳光直射造成箱体温度过高。

（2）水分管理。利用喷壶进行定期喷水，夏秋季5～7天1次、冬春季15～20天1次，如果见箱底有积水，可以推迟喷水时间。另外，最适宜蚯蚓生长的湿度为60%～70%。可以通过以下经验判断含水量：手捏成团后，手指缝有积水，有少量滴水，含水量为50%～60%；手捏成团后，有间断的水滴，含水量为60%～70%；手捏成团后，水滴呈线状下滴，含水量为70%～80%。

5.蚓粪分离

当作物生长季结束后，或者箱体处理满时，利用蚯蚓的避光性，从上到下将蚯蚓粪刮开移走。蚯蚓过多可移除一部分蚯蚓进行喂养动物，蚯蚓粪可以改良土壤，剩下的蚯蚓可继续进行下一茬口的处理。

# 七、作物喝上"堆肥茶"，提质增效还防病

"堆肥茶"是将堆制腐熟的优质有机肥，经过浸泡、通气发酵而制成的液体肥料。"堆肥茶"制作与使用方便，其所提供的养分更容易被作物利用，对微生物来说更易成活、繁殖快。"堆肥茶"兼具肥效和生防的双重作用，不仅可以改善作物营养成分还能改善果蔬口感，还具有一定防病功效的能力，与有机肥配合施用还能促进有机肥中的养分利用。本文介绍了"堆肥茶"的作用、原理、制作方法、施用方法和注意事项。

## （一）"堆肥茶"的作用

"堆肥茶"作为一种肥料，在提供给作物生长所必需的营养物质的同时还具有以下作用：①富含营养物质和微生物，促进有益微生物和昆虫的生长，改良土壤环境，消除长期施用化肥和农药对环境的不利影响。②抑制病菌，有机地减少害虫，通过水分的渗

透、二氧化碳的扩散改善土壤结构。③有助于提高土壤的保水能力，并促进作物生长激素的生成。④通过促进有机物质转化为腐殖质，提高土壤有机质含量，改良土壤，减少土壤污染。⑤对叶斑、卷尖、霉菌、霜霉、早期或晚期凋萎病、白粉病、锈病等都有一定的防治效果，对花叶病毒、细菌凋萎病、黑腐病等也有一定作用。

## （二）"堆肥茶"的原理

"堆肥茶"为土壤或作物提供微生物、细颗粒有机物质、有机酸、植物生长调节类物质和可溶性矿质营养元素等物质，不仅能显著改良土壤，而且能为作物提供养分，改善作物根际或作物表面微生态环境，促进养分活化与吸收利用。因此，"堆肥茶"具有很好的肥效。土壤中存在大量的微生物，有些是有助于作物生长的，有些是对作物有害的，如病害细菌、真菌或原生生物以及食根的线虫等。一般在无氧或者通气不良条件下，有害微生物会大量生长并产生有害毒素，危害作物生长；作物表面附着大量病菌，也会导致作物染病。堆肥在氧气充足即充分通气条件下产生的"堆肥茶"，可以使作物根部土壤或植株表面大多数的致病微生物以及植物毒素清除。施用"堆肥茶"后尽管还有少部分的有害微生物，但施用"堆肥茶"后保留在土壤或作物叶面的有益微生物能够有效地控制有害微生物。这些抑制作用有4种方式：①经过培养的有益微生物可吞食有害微生物。②有益微生物可产生抗生素抑制有害微生物。③活化的有益微生物具有对营养元素的竞争优势。④活化的有益微生物具有对生存空间的竞争优势。所以，"堆肥茶"有很好的生防功能。

## （三）"堆肥茶"的制作

### 1.挑选优质堆肥

制作"堆肥茶"，必须使用活化的、充分腐熟的优质堆肥，即经过一段时间适当的高温发酵，使其中的杂草种子和病原微生物得到彻底杀灭，富含有益微生物、养分等有益于作物生长的物质，腐熟好的堆肥散发出好闻的气味。蚯蚓堆肥就是制作"堆肥茶"的好材料。

### 2.准备设备

可以向专业公司购买"堆肥茶"制作设备，如果没有专业设备，可以用一些日常、生活设备替代。这时需要一个大的塑料桶、一个气泵、几米长的通气管、一个通气头、一个能够调节气量的阀门，还需要用于搅拌的棍子、一些无硫的糖蜜、过滤"堆肥茶"的尼龙网，以及装"堆肥茶"和渣的备用桶。不能在设备无通气条件下制作"堆肥茶"，因为如果不连续通气，这些微生物很快就会耗尽氧气，该"堆肥茶"就开始变得黏稠并且使厌氧菌增多，有厌氧菌的"堆肥茶"会损害作物生长。

### 3.水的选择

可以用井水直接泡制，但如果用城市自来水泡制，需要先将自来水在桶内通气1小时以除去氯气。

### 4.制作过程

空桶中装少于半桶的堆肥，放水至大半桶（堆肥与水比例为1：10左右），不加盖，利于通气。将通气头置于桶底部（埋于水底），将气阀门挂在桶边缘并开动泵，加工"堆肥茶"的装置与构造如图35所示。检查通气，等运行正常后，加入少量无硫糖蜜。用木棍将水、堆肥和糖蜜充分搅拌均匀。每天搅拌几次，每次搅拌后检查冒气头是否居桶底中央，保证整桶水每处有氧气供应。一般泡制2～3天后，"堆肥茶"就制作好了，可除去通气设备。如果认为还要继续通气，可再添加适量糖蜜，否则没有足够养分会使处于活跃状态的有益细菌进入休眠。静置10～20分钟后过滤，将滤液放入另外一个桶或直接装入喷雾器。"堆肥茶"的滤渣富含有益细菌和真菌，可立刻放回原来或另外的堆肥中，也可立刻施入土壤。制作堆肥和泡制"堆肥茶"时，如果有异味散发，则意味着效果不好，应该加强通气和搅拌。应该注意：通气良好、泡制效果好的"堆肥茶"有一股甜香和泥土气味，不能施用气味不好的"堆肥茶"，因其含有厌氧生物产生的低浓度乙醇，足以损伤植物根系；"堆肥茶"制作好后要在1小时内使用完，放置时间过长，"堆肥茶"会由于缺氧而变质。

塑料管

鼓气泵

装堆肥的尼龙袋

气泡石

图35 "堆肥茶"加工装置与构造

## （四）"堆肥茶"的施用

"堆肥茶"可以广泛用于大田作物、蔬菜、花卉和果木，对作物类型没有具体要求。施用"堆肥茶"需要根据作物的健康状况，来决定"堆肥茶"的施用次数和数量。一般春季施用一次后，其他季节无需再施。另外，有益昆虫的存在数量是作物健康生长的标志。喷洒"堆肥茶"后，有益昆虫有利于将"堆肥茶"中的有益微生物散布到整个菜园或果园，甚至能够在多个季节防止害虫的为害。如果农田中有益昆虫数量不够，可以一个月至少喷洒一次"堆肥茶"，或对菜园一月喷施两次。在作物长出其第一片真叶时，喷洒"堆肥茶"的效果好。

施用方法可以选择叶面喷施或灌根。叶面喷施可以选择傍晚进行，每公顷喷50升，雾化喷湿作物表面。"堆肥茶"中加入表面活性剂、黏着剂有利于提高喷施效果，喷后下雨要补喷一遍。灌根可通过人工或者滴灌设备滴到作物根部，每公顷灌150升。如果采用滴灌设备灌根，可以先灌少量水润洗管道，再向水中加过滤纯净的"堆肥茶"，灌完后再用水清洗滴灌管道；如果人工灌根，对"堆肥茶"的过滤不做严格要求，"堆肥茶"中的杂质能为作物提供更多养分与活性物质。

"堆肥茶"施用的注意事项：①有效期短。制作好的成品应尽可能在1小时内将其进行叶面喷施，否则因没有足够的氧气和糖等养分使有益细菌处于活跃状态而进入休眠失去活力，3、4个小时后肥效会大大降低，导致原料的浪费，增加费用。②制作过程中，如用自来水一定要除氯气，否则氯气会杀死水中的微生物，影响"堆肥茶"的生产。③如果有异味散发则意味着效果不好，应该加强通气和搅拌。通气良好、泡制效果好的堆肥或"堆肥茶"有一股甜香和泥土气味。不能施气味不好的"堆肥茶"，因其含有厌氧生物产生的低浓度乙醇，足以损伤作物根系。

# 八、有机肥定量施用技术

施用有机肥是培肥改良土壤的最主要技术之一。由于有机肥成分复杂、养分含量差异大，养分释放受许多因素影响，因此生产中有机肥施用很难定量化，人们一般都是凭经验施用。在粮食作物上有机肥用量不多，所以问题不大。但对于瓜果蔬菜等经济作物，人们不仅施用化肥还施用大量的有机肥，长期如此会带来很多负面问题，如造成土壤中磷钾养分富集，导致土壤养分比例不平衡，降低土壤质量，影响作物生长。有机肥的不合理施用不仅导致养分资源浪费，而且造成环境污染，同时影响农产品质量安全。因此，有机肥施用急需规范化、定量化，防止过量施肥。本文介绍了有机肥定量施用的基本知识、有机肥养分释放的特点、有机肥定量推荐过程和常见作物有机肥推荐等内容，指导农民朋友科学定量施用有机肥。

## （一）有机肥定量施用的基本知识

有机肥含有多种养分，且养分大多是有机态的，只有在土壤中经过矿化才能被作物吸收利用。有机肥中养分数量与释放速度受有机肥种类、土壤类型、作物品种等因素影响。

### 1.有机肥含多种养分

相比化肥，有机肥的养分含量较低，但是有机肥含有多种养分，以氮、磷、钾养分为主。市场上出售的商品有机肥养分含量要求在5%以上（氮、磷、钾养分之和）。不同有机肥养分含量差异较大，表19为不同原料加工有机肥的氮、磷、钾养分含量与化肥养分的折算结果。

表19　1吨有机肥（烘干基）养分含量与化肥量的折算

| 有机肥种类 | 全氮(N)含量(%) | 全磷($P_2O_5$)含量(%) | 全钾($K_2O$)含量(%) | 养分含量合计(%) | 尿素（千克） | 磷酸二铵（千克） | 硫酸钾（千克） | 化肥总和（千克） |
|---|---|---|---|---|---|---|---|---|
| 鸡粪 | 2.50 | 0.93 | 1.60 | 5.03 | 55.6 | 20.7 | 32.0 | 108.3 |
| 牛粪 | 1.50 | 0.43 | 0.94 | 2.87 | 33.3 | 9.6 | 18.8 | 61.7 |
| 猪粪 | 2.10 | 0.89 | 1.11 | 4.10 | 46.7 | 19.8 | 22.2 | 88.7 |
| 鸭粪 | 1.60 | 0.88 | 1.37 | 3.85 | 35.6 | 19.6 | 27.4 | 82.6 |
| 羊粪 | 2.00 | 0.49 | 1.32 | 3.81 | 44.4 | 10.9 | 26.4 | 81.7 |
| 玉米秸秆 | 0.92 | 0.15 | 1.18 | 2.25 | 20.4 | 3.3 | 23.6 | 47.3 |
| 小麦秸秆 | 0.65 | 0.08 | 1.05 | 1.78 | 14.4 | 1.8 | 21.0 | 37.2 |
| 紫云英 | 3.44 | 0.33 | 2.29 | 6.06 | 76.4 | 7.3 | 45.8 | 129.5 |
| 平均 | 1.80 | 0.50 | 1.40 | 3.70 | 40.9 | 11.6 | 27.2 | 79.7 |

资料来源：贾小红，2012.有机肥料加工与施用[M].2版.北京：化学工业出版社。

1吨有机肥（以多种有机肥养分含量平均值计算）含有的氮、磷、钾养分相当于40.9千克尿素、11.6千克磷酸二铵、27.2千克硫酸钾。

## 2.有机肥养分释放较慢

化肥养分是速效的，有机肥养分是缓效的。有机肥中的养分大部分以有机形式存在，经过分解作用变为无机养分释放到土壤中才能被作物吸收，而有机肥养分的释放时间较长、释放规律复杂，需要掌握养分释放规律才能更好满足作物对养分的需求。有机肥中不同养分的释放规律不同；有机肥中的氮、磷养分大部分以有机态存在，释放速度较慢且释放时间较长，大部分释放发生在中后期。有机肥中的钾素一般以无机态存在，有效态钾含量较高，且钾素释放速度较快，释放主要发生在前期。

# （二）影响有机肥养分释放的因素

有机肥中养分是有机态的，不能直接被作物吸收利用，需要在土壤微生物的作用下，将有机态的养分分解为无机态后才能被作物吸收利用。这一过程称有机肥的矿化，有机肥经过矿化释放的某种养分的量占有机肥中该养分总量的比值称矿化系数。有机肥矿化决定有机肥可提供的有效养分的数量与速度，矿化过程受有机肥特性、土壤温度、生长时期等因素影响。

### 1.有机肥特性对矿化系数的影响

不同有机肥因养分含量、成分组成、理化性状等不同而有很大差别，因此有机肥的养分矿化系数差异很大。鸡粪、羊粪等热性肥料矿化速度快，短期养分释放量大；牛粪等冷性肥料矿化速度慢，前期养分释放量较小；秸秆类有机肥因为含氮量较低，在施用时还会固定一部分土壤氮素，因此其养分矿化系数相对更低。表20为不同有机肥的养分矿化系数，根据矿化系数可计算出有机肥释放的养分量，以便指导减少相应的化肥用量。

表20　有机肥培养100天的养分矿化系数

| 有机肥种类 | 氮素矿化系数 | 磷素矿化系数 | 钾素矿化系数 | 土壤类型 | 研究方法 |
|---|---|---|---|---|---|
| 鸡粪 | 0.399 | 0.246 | 0.788 | 壤土 | 室内纯培养 |
| 牛粪 | 0.206 | 0.613 | 0.368 | 壤土 | 室内纯培养 |
| 猪粪 | 0.353 | 0.348 | 0.415 | 壤土 | 室内纯培养 |

### 2.温度对矿化系数的影响

在一定温度范围内（0～40℃），温度越高，有机肥矿化系数越高，设施条件下有机肥的矿化系数高于露地条件。温度对氮、磷养分矿化系数影响较大，对钾素矿化系数影响较小，在施用的时候需要注意。表21为不同有机肥在设施壤土和露地壤土中培养300天的矿化系数。

表21　有机肥在不同生长条件下的矿化系数（壤土培养300天）

| 有机肥种类 | 设施条件 | | | 露地条件 | | |
|---|---|---|---|---|---|---|
| | 氮素矿化系数 | 磷素矿化系数 | 钾素矿化系数 | 氮素矿化系数 | 磷素矿化系数 | 钾素矿化系数 |
| 鸡粪 | 0.805 | 0.718 | 0.806 | 0.583 | 0.535 | 0.837 |
| 牛粪 | 0.591 | 0.563 | 0.661 | 0.382 | 0.518 | 0.672 |
| 猪粪 | 0.495 | 0.446 | 0.707 | 0.463 | 0.323 | 0.691 |
| 鸡粪＋秸秆 | 0.176 | 0.358 | 0.607 | 0.206 | 0.213 | 0.535 |
| 蘑菇渣 | 0.258 | 0.666 | 0.834 | 0.250 | 0.433 | 0.821 |

### 3.时间对矿化系数的影响

有机肥施入土壤后，刚开始矿化速度较快，随着施用后时间延长，有机肥矿化速度变慢；但时间越长，累积释放的养分总量越多，可根据作物生长期的长短计算有机肥的养分释放量。粪便类有机肥前期即可释放大量养分，鸡粪、牛粪前30天氮素释放量占总氮的比例依次为62.33%、32.48%；而秸秆类有机肥前期释放养分量较低，鸡粪＋秸秆、蘑菇渣前30天氮素释放量占总氮的比例依次为37.90%、15.88%。表22为在设施条件下不同培养时间有机肥氮素的矿化系数。

表22　设施条件下不同培养时间有机肥氮素矿化系数

| 有机肥种类 | 培养时间 | | | |
|---|---|---|---|---|
| | 30天 | 60天 | 240天 | 300天 |
| 鸡粪 | 0.623 | 0.669 | 0.730 | 0.805 |
| 牛粪 | 0.324 | 0.398 | 0.481 | 0.591 |

（续）

| 有机肥种类 | 培养时间 | | | |
|---|---|---|---|---|
| | 30天 | 60天 | 240天 | 300天 |
| 猪粪 | 0.195 | 0.223 | 0.292 | 0.495 |
| 鸡粪＋秸秆 | 0.379 | 0.452 | 0.177 | 0.197 |
| 蘑菇渣 | 0.158 | 0.164 | 0.178 | 0.258 |

## （三）有机肥定量推荐过程

推荐施肥首先根据作物目标产量和土壤肥力，计算出作物所需的养分总量；其次结合地块状况和作物类型，推荐有机肥种类和用量，计算出有机肥所能提供的有效养分含量；最后从作物生长需要的养分总量中扣除有机肥提供的养分，不足的养分通过化肥来补充。

有机肥定量推荐过程包括：明确施肥目的、确定有机肥种类及用量、计算有机肥中有效养分含量、扣除有机肥有效养分后推荐的化肥用量。

### 1.明确施肥目的

有机肥主要具有培肥土壤和提供养分两个作用，因此在施用时需要明确哪个作用起主导作用。针对低肥力、新建菜田等土壤，有机肥以培肥土壤为主，有机肥培肥土壤是以优先增加土壤有机质、其次增加土壤养分为施用原则；针对高肥力、老菜田等土壤，有机肥以养分供应为主,有机肥供应养分是以优先保持土壤养分含量、其次维持土壤有机质含量为原则。

### 2.确定有机肥种类及用量

(1)培肥土壤的有机肥。如果施用有机肥主要目的是培肥土壤,应选用有机质含量高、培肥土壤作用明显的有机肥。培肥土壤效果由高到低的有机肥种类推荐顺序是:秸秆类>家畜类(牛、猪、羊等)>禽类(鸡、鸭、鹅等)有机肥,各种有机肥常规推荐用量见表23。在实际生产中,有机肥经常混合施用,需要把握各种有机肥的施用配比,推荐秸秆类有机肥占比60%~70%,家畜、家禽类有机肥占比30%~40%。

表23　培肥土壤的有机肥施用量

| 有机肥种类 | 优先施用程度 | 推荐用量（吨/亩） | 施用方法 |
|---|---|---|---|
| 秸秆类 | 高 | 2.5~3.0 | 有机肥均匀撒施,土壤深翻30厘米,将土壤和有机肥充分混匀 |
| 家畜类 | 中 | 2.0~2.5 | |
| 家禽类 | 低 | 1.5~2.0 | |

(2)供应养分的有机肥。从提供养分数量与速度考虑,有机肥种类推荐顺序是:禽类(鸡、鸭、鹅等)>家畜类(牛、猪、羊等)>秸秆类有机肥,各种有机肥常规推荐用量见表24。有机肥应该挖沟条施或者挖坑穴施,避免有机肥表面撒施,提高有机肥的养分利用率。

表24　供应养分的有机肥施用量

| 有机肥种类 | 优先施用程度 | 推荐用量（吨/亩） | 施用方法 |
|---|---|---|---|
| 家禽类 | 高 | 0.8～1.0 | 有机肥挖沟条施或者挖坑穴施，避免有机肥表面撒施 |
| 家畜类 | 中 | 1.0～1.5 | |
| 秸秆类 | 低 | 1.5～2.0 | |

### 3.计算有机肥有效养分供应量

（1）获取有机肥养分含量。在实际生产中，有机肥养分数据获取有两种方式，分别是样品测定和经验值估算。通常来讲，实际测算结果更精准，具体可依托当地农化服务部门进行检测。有机肥主要养分含量经验值可参考表19。

（2）估算有机肥矿化系数。有机肥当季氮素矿化系数为0.2～0.4，磷素为0.5～0.6，钾素为0.7～0.9。根据有机肥种类，结合施用条件、作物生长时间确定矿化系数，具体数值参考表20、表21、表22。

（3）计算有机肥有效养分供应量。计算公式如下。

$$N_E = M \times C \times R$$

式中：

$N_E$ 为有机肥有效养分供应量，千克/亩；

$M$ 为有机肥用量，千克/亩；

$C$ 为有机肥养分含量，%；

$R$ 为矿化系数。

## 4.扣除有机肥有效养分供应量后的化肥推荐量

（1）作物养分需求总量。作物养分需求量根据作物目标产量和单位产量所需的养分量计算得来，作物目标产量以所在地块前3年平均产量增加10%为准，单位产量所需的养分量通过试验测试获得。表25为主要作物每生产100千克产量所需的养分量，按作物目标产量即可计算出作物养分需求总量（作物养分需求总量＝每生产100千克产量所需的养分量 × 作物目标产量）。

表25　主要作物每生产100千克产量所需的养分量

单位：千克

| 作物名称 | 收获部位 | 形成100千克产量所需的养分量 | | |
|---|---|---|---|---|
| | | 氮（N） | 磷（$P_2O_5$） | 钾（$K_2O$） |
| 水稻 | 籽粒 | 2.25 | 1.10 | 2.70 |
| 冬小麦 | 籽粒 | 3.00 | 1.25 | 2.50 |
| 玉米 | 籽粒 | 2.57 | 0.86 | 2.14 |
| 黄瓜 | 果实 | 0.40 | 0.35 | 0.55 |
| 番茄 | 果实 | 0.25 | 0.15 | 0.50 |
| 茄子 | 果实 | 0.30 | 0.10 | 0.40 |
| 芹菜 | 全株 | 0.16 | 0.08 | 0.42 |
| 菠菜 | 全株 | 0.36 | 0.18 | 0.52 |
| 萝卜 | 块根 | 0.60 | 0.31 | 0.50 |
| 花生 | 荚果 | 6.80 | 1.30 | 3.80 |
| 大豆 | 豆粒 | 7.20 | 1.80 | 4.00 |

注：1千克氮（N）相当于2.22千克尿素；1千克磷（$P_2O_5$）相当于2.17千克磷酸二铵；1千克钾（$K_2O$）相当于2千克硫酸钾。

（2）施肥补充的养分量。作物生长所需养分都来源于土壤，土壤本身有一定肥力，能提供一定养分；另外，雨水和大气沉降会带入一定的养分，其他不足的需要通过施肥补充。雨水和大气带入的养分主要是氮素，其数值一般通过科研数据获得。南方地区降水与灌水每年带入农田的氮相当于8～10千克/亩尿素，北方地区降水与灌水每年带入农田的氮相当于3～4千克/亩尿素；大气沉降每年带入农田的氮相当于10千克/亩左右尿素。土壤供应的养分不同地块差别很大，通过咨询当地土肥推广部门获得。

施肥补充的养分量＝作物养分需求总量－土壤供应养分量－灌水带入养分量－大气带入养分量

（3）化肥养分需求量。作物生长通过施肥补充的养分量主要来自化肥和有机肥，因此作物养分需求总量扣除有机肥能提供的有效养分量，就是需要通过化肥来补充的养分量。

化肥养分需求量＝施肥补充的养分量－有机肥有效养分供应量

以番茄施肥为例，扣除有机肥有效养分供应量的化肥推荐施肥量见表26。

表26　基于扣除有机肥有效养分的推荐施肥量

| 推荐施肥计算步骤 | 氮（N） | 磷（$P_2O_5$） | 钾（$K_2O$） |
|---|---|---|---|
| 有机肥养分含量（千克/吨） | 20.0 | 20.0 | 20.0 |
| 养分矿化系数（%） | 35 | 55 | 80 |
| 施用1吨有机肥提供的有效养分量（千克/吨） | 7.0 | 11.0 | 16.0 |

（续）

| 推荐施肥计算步骤 | 氮（N） | 磷（P₂O₅） | 钾（K₂O） |
|---|---|---|---|
| 亩产8吨番茄需施肥补充养分量（千克/吨） | 23.2 | 6.7 | 36.1 |
| 化肥推荐量（千克/亩） | 16.2 | 0 | 20.1 |

# （四）有机肥定量化施用注意事项

## 1.根据土壤质地定量化

（1）沙土土壤。沙土土壤肥力较低，土壤保肥、保水能力差，养分容易流失，可增加有机肥用量。初期可施用秸秆类有机肥，快速改良培肥土壤，中后期施用养分含量高的有机肥，一次施用量不能太多，施用过量容易烧苗，转化的速效养分也容易流失。养分含量高的优质有机肥料可分底肥和追肥多次施用，也可配合深施堆腐秸秆和养分含量低、养分释放慢的粗杂有机肥料。

（2）黏土土壤。黏土保肥、保水性能好，养分不易流失；但是土壤供肥速度慢，土壤紧实，通透性差，有机养分在土壤中分解缓慢。黏土中有机肥料可早施，宜接近作物根部。

（3）壤土土壤。壤土具有较好的保水、保肥特性，有机肥施用可主要考虑作物品种和土壤肥力，有机肥主要作底肥，用量适中即可。

## 2.根据土壤肥力定量化

（1）高肥力土壤，有机肥控制施用。高肥力土壤常见于设施和果园土壤，对于设施土壤而言，种植年限大于3～5年，土壤肥力基本处于高肥力水平。高肥力土壤养分含量较高，特别是土壤磷、钾含量快速增加，在施用有机肥时要注意磷、钾含量较高的有机肥（特别是鸡粪、猪粪、羊粪、鸭粪等）应控制施用，用量低于2吨/亩基本可满足作物需求。

（2）低肥力土壤，有机肥合理施用。低肥力土壤常见于粮田或者新开拓土地，土壤肥力较低，种植初期可增加有机肥用量。以有机物含量高的有机肥（秸秆类、牛粪等）为主要施用对象，用量可增加至3吨/亩，但是连续施用2～3年后可根据肥力情况调整施肥策略。

## 3.根据作物定量化

不同作物种类、同一作物的不同品种对养分的需求量及其比例、养分的需求时期、对肥料的忍耐程度均不同，因此在施肥时应考虑作物需肥规律，制定合理的施肥方案。

设施种植一般生长周期长，需肥量大的作物，需要施用大量有机肥，作为基肥深施在离作物根较远的位置。一般有机肥和磷、钾肥作底肥施用，后期应该注意氮、钾追肥，以满足作物的需求。由于设施环境相对比较封闭，应该施用充分腐熟的有机肥，防止其在设施环境中二次发酵；由于不受雨水淋洗的影响，土壤中的养分容易在地表富集而产生盐害，因此肥料一次不易施用过多，且施肥后应配合灌水。早发型作物，这类作物在初期就开始迅速生长，像菠菜、生菜等生育期短、一次性收获的蔬菜就属于这个类型。这些蔬菜若后半期氮肥用量过大，则品质恶化，所以施肥要以基肥为主，施肥位置也要浅一些、离根近一些为好。白菜、圆白菜等结球蔬菜，既需要良好的初期生长，又需要后半期有一定的长势，保证结球紧实，因此在后半期应增加氮肥供应，保障后期生长。

## （五）有机肥替代部分化肥示例

为了保证作物产量，同时减少化肥用量，农业部在全国推广有机肥替代部分化肥系统。以下以玉米和番茄为例，介绍在推荐施肥过程中，常见有机肥品种可以替代部分化肥的定量推荐，为生产中有机肥替代化肥提供科学支撑。

### 1.玉米有机肥替代部分化肥

玉米施用有机肥分秸秆还田和秸秆不还田两种情况：秸秆还田下施少量有机肥，推荐量为100～300千克/亩；秸秆不还田下加大用量，推荐量为250～500千克/亩。有机肥定量化可指导玉米种植中化肥减量施用，夏玉米有机肥定量推荐见表27。

### 表27 夏玉米有机肥定量推荐

单位：千克／亩

| 秸秆还田条件 | 土壤类型 | 有机肥种类 | 有机肥用量 | 减量氮肥（尿素） | 减量磷肥（磷酸二铵） | 减量钾肥（硫酸钾） |
|---|---|---|---|---|---|---|
| 秸秆还田 | 沙土 | 鸡粪 | 200 | 4.4 | 2.2 | 5.1 |
| | | 猪粪 | 300 | 4.2 | 3.0 | 5.0 |
| | | 牛粪 | 300 | 3.5 | 1.3 | 3.9 |
| | 壤土 | 鸡粪 | 150 | 3.3 | 1.7 | 3.8 |
| | | 猪粪 | 250 | 3.5 | 2.5 | 4.1 |
| | | 牛粪 | 250 | 2.9 | 1.1 | 3.3 |
| | 黏土 | 鸡粪 | 100 | 2.2 | 1.1 | 2.6 |
| | | 猪粪 | 200 | 2.8 | 2.0 | 3.3 |
| | | 牛粪 | 200 | 2.3 | 0.9 | 2.6 |
| 秸秆不还田 | 沙土 | 鸡粪 | 300 | 6.7 | 3.3 | 7.7 |
| | | 猪粪 | 400 | 5.6 | 4.0 | 6.6 |
| | | 牛粪 | 500 | 5.8 | 2.2 | 6.6 |
| | 壤土 | 鸡粪 | 250 | 5.6 | 2.8 | 6.4 |
| | | 猪粪 | 350 | 4.9 | 3.5 | 5.8 |
| | | 牛粪 | 450 | 5.3 | 1.9 | 5.9 |
| | 黏土 | 鸡粪 | 200 | 4.4 | 2.2 | 5.1 |
| | | 猪粪 | 300 | 4.2 | 3.0 | 5.0 |
| | | 牛粪 | 400 | 4.1 | 1.5 | 4.6 |

注：鸡粪、猪粪、牛粪氮含量以0.025、0.021、0.015计算，鸡粪、猪粪、牛粪有机肥氮素矿化系数依次为0.4、0.3、0.3；鸡粪、猪粪、牛粪磷含量分别为0.009 3、0.008 9、0.004 3，磷素矿化系数依次为0.55、0.50、0.45；鸡粪、猪粪、牛粪钾含量分别为0.016、0.011、0.009，钾素矿化系数依次为0.80、0.75、0.70。

## 2.番茄有机肥替代部分化肥

番茄施用有机肥分设施和露地两种情况：高肥力施少量鸡粪、猪粪等养分含量较高的有机肥，低肥力施牛粪等养分含量较低的有机肥。设施条件下有机肥用量较小，高、中、低肥力土壤有机肥用量推荐分别为0.8 ~ 1.0吨/亩、1.2 ~ 1.5吨/亩、1.8 ~ 2.0吨/亩；露地条件下有机肥用量较大，高、中、低肥力土壤有机肥用量推荐分别为1.0 ~ 1.2吨/亩、1.2 ~ 1.8吨/亩、1.8 ~ 2.0吨/亩。有机肥定量化可指导番茄种植中化肥减量施用，番茄有机肥定量推荐见表28。

表28 番茄有机肥定量推荐

| 种植条件 | 土壤肥力水平 | 有机肥种类 | 有机肥用量（吨/亩） | 减量氮肥（尿素）（千克/亩） | 减量磷肥（磷酸二铵）（千克/亩） | 减量钾肥（硫酸钾）（千克/亩） |
|---|---|---|---|---|---|---|
| 设施 | 高肥力 | 鸡粪 | 0.8 | 17.8 | 9.1 | 20.5 |
| | | 猪粪 | 1.0 | 14.0 | 9.9 | 16.5 |
| | 中肥力 | 鸡粪 | 1.2 | 26.7 | 13.6 | 30.7 |
| | | 猪粪 | 1.5 | 21.0 | 14.8 | 24.8 |
| | | 牛粪 | 1.5 | 15.0 | 6.5 | 19.7 |
| | 低肥力 | 猪粪 | 1.8 | 25.2 | 17.8 | 29.7 |
| | | 牛粪 | 2.0 | 20.0 | 8.6 | 26.3 |
| 露地 | 高肥力 | 鸡粪 | 1.0 | 19.4 | 10.3 | 25.0 |
| | | 猪粪 | 1.2 | 15.7 | 10.7 | 19.0 |
| | 中肥力 | 鸡粪 | 1.2 | 23.3 | 12.4 | 30.0 |
| | | 猪粪 | 1.5 | 19.6 | 13.4 | 23.8 |
| | | 牛粪 | 1.8 | 15.6 | 6.9 | 22.7 |
| | 低肥力 | 猪粪 | 1.8 | 23.5 | 16.0 | 28.5 |
| | | 牛粪 | 2.0 | 17.3 | 7.6 | 25.2 |

注：鸡粪、猪粪、牛粪氮含量以0.025、0.021、0.015计算，设施条件下鸡粪、猪粪、牛粪有机肥氮素矿化系数依次为0.4、0.3、0.3，露地条件下鸡粪、猪粪、牛粪有机肥氮素矿化系数依次为0.35、0.28、0.26；鸡粪、猪粪、牛粪磷含量分别为0.009 3、0.008 9、0.004 3，设施条件下鸡粪、猪粪、牛粪有机肥磷素矿化系数依次为0.55、0.50、0.45，露地条件下鸡粪、猪粪、牛粪有机肥磷素矿化系数依次为0.50、0.45、0.40；鸡粪、猪粪、牛粪钾含量分别为0.016、0.011、0.009，设施条件下鸡粪、猪粪、牛粪有机肥钾素矿化系数依次为0.80、0.75、0.70，露地条件下鸡粪、猪粪、牛粪有机肥钾素矿化系数依次为0.78、0.72、0.67。

# 九、多作种植高效节肥技术

在自然条件适宜、生产条件具备的情况下，多作种植是用地与养地相结合、提高复种指数、增加单位面积农田产量和产值、取得显著经济效益和生态效益的有效途径。尤其是通过多作种植，能合理协调不同作物种类或品种在农田中的配置和组合关系，提高不同作物的水分利用率、肥料利用率等。本文介绍了多作种植基本形式与效果、主要作物采取的多作种植模式及其水肥管理措施，为生产中多作种植提供参考。

## （一）多作种植基本形式

多年连作，即使水肥投入没有降低，也打破不了连作越久、作物生长越差的规律。这是因为同种作物的根系生长在深度大致相同的土层中，摄取同样的养分，这会使同一块土地同一深度的土层中养分迅速减少，同时同种作物带来的害虫、病菌以及伴生的杂草也会随着连作次数的增加而增多。

多作种植技术总体优势在于能够充分利用生长

空间，增加叶面积指数；充分利用边行优势，实现用地与养地相结合；充分利用生长季节，发挥作物的丰产性能；增强作物的抗逆能力，以达到稳产保收的目的。常见的多作种植方式有间作、套作和轮作等。

1.间作

间作是在同一块田地上，于同一生长期内，分行或分带相间种植两种或两种以上作物的种植方式。播种期相同或不同，作物之间的共栖时间超过主体作物全生育期（播种至成熟）的1/2以上。在文字材料中可用"∥"符号表示间作。禾本科与豆科作物间作是世界上最普遍的间作类型，如玉米∥大豆，能够改变群体结构和透光状况，改善田间通风透光条件，扩大边际效应，增加高秆作物玉米的边行优势。

2.套作

套作是在同一块田地上，同时种植两种以上作物的种植方式。作物之间的共栖时间少于主体作物全生育期的1/2，主要作用是延长作物对生长季的利用，提高总产量。这种种植方式可用"/"符号表示。玉米/马铃薯种植方式在我国多数地区均有应用。

3.轮作

轮作是在同一块田地上，按一定轮作周期，有顺序地轮换种植不同作物的种植方式。在文字材料中可用"→"符号表示。轮作周期因地因作物而长短不等，有一年一熟条件下的多年轮作，也有由多作种植组成的多年复种（"—"）轮作。轮作有利于实现用地和养地结合，有利于预防作物病虫草害。目前，各地水肥条件逐步改善和耕作水平的提高，为大田作物与蔬菜轮作创造了良好的生长条件，形成许多粮菜轮作方式，如冬小麦/玉米（早熟玉米）—大白菜→小麦，实现粮菜双丰收。

### 4.立体种植

立体种植是在同一块田地上，利用3种或3种以上株高、生长习性不同的作物合理组合和搭配，以间、套、混作等形式，在一定时间范围内，组成一个层次不同、立体布局的复合群体的种植方式。立体种植可以充分利用作物生长季的时间和不同作物的分布空间，充分利用土壤养分，改善田间小气候，使每种作物处在有力的生态位，利用分层种植的优势，提高复种指数和土地利用率，以提高单位面积总产量。现代设施农业种植中，利用在同一地块的不同高度种植不同作物，增加了种植空间，提高了生产收益。

## （二）粮食多作节肥技术模式

粮食作物间、套、轮作在我国农作史上有悠久的历史，是我国传统精细农业的精华，在世界农作史上享有盛誉。粮食多作的发展被认为是一种以寻求最佳经济和生态效益的现代农业生产途径。

粮食作物间作主要有玉米与豆类间作及玉米与薯类、麦类间作；套作主要有麦田套作两熟、麦田套作三熟；轮作主要有冬小麦和玉米、冬小麦和大豆、甘薯和大豆轮作。

1.春玉米与春小麦间作节肥技术

（1）定植准备。秋季上茬作物收获后，清除根茬，进行深耕翻地。按照每166.7厘米为一带插标画线做畦，在准备播种的玉米带中间用大犁开沟，深度16厘米，施入底肥。在犁开沟的两边，用山地犁来回内翻土，形成种植玉米的带埂，上面拖平、整细，再用碾子压一遍，成为宽66.7厘米、高10厘米的埂带。然后等待春季覆膜播种或者直接播种。其余1米宽的小麦地施底肥，整平耧细。

（2）水肥管理。按照作物的目标产量和需肥时间来确定肥料的施用量和施用时期。以中等肥力地块为例，每亩底施农家肥5 000 ～ 6 000千克。在小麦种植带上每亩底施过磷酸钙20 ～ 30千克、硫酸锌1千克、尿素25 ～ 30千克（其中底施50%、三叶后期追施40%、抽穗期追施10%）。这种"前重后轻"的施肥方式保证了春小麦的"胎里富"，为壮秆大穗提供了条件。在玉米种植带上每亩底施过磷酸钙40 ～ 45千克、硫酸锌2千克、尿素45 ～ 50千克（其中底施35%、65%在大喇叭口期追施）。如果在玉米灌浆初期个别地块表现脱肥，要适当追施攻粒肥。

在水分管理上重点考虑春小麦灌水，因为玉米需水临界期与自然降水盛期相遇。春小麦的灌溉指标：据平泉的相关资料，在春小麦116天的生育期中，正常的耗水量为450～470毫米，同期自然降水提供200～220毫米，需灌溉补充230～250毫米。因此，根据常年降水情况，春小麦生产在冬前造墒的基础上，生育期内要灌好"五水"：三叶期灌水23米³/亩、拔节中期灌水35米³/亩、孕穗期灌水40米³/亩、扬花期灌水33米³/亩、灌麦黄水30米³/亩。在实际生产中，要根据上述原则，看天、看地、看苗情灵活掌握。在畦灌小麦的同时，对大埂上的玉米也间接起到了供水作用。

根据承德地区多年试验，玉米进入三叶期需要灌水施肥，而这次灌水对玉米保全苗则是适时的；待玉米进入雌穗分化期，此时处于需水需肥高峰，而小麦灌麦黄水又使玉米受益。因此，春玉米与春小麦间作不仅提高了全年的经济效益，而且促进资源的高效利用。

2.玉米与花生间作节肥技术

（1）定植准备。选择地势平坦、土层深厚、土壤肥沃、保水保肥的沙壤土地为好。用旋耕机耕耙两遍，结合耕地采用配方施肥技术，每亩施用优质农家肥4 000千克、三元复混肥（10-15-17）50千克，播前作底肥一次施入。花生由于根部根瘤菌有固氮作用，每亩固氮约6千克（纯养分），这样基本保持了氮、磷、钾养分的平衡。

（2）水肥管理。玉米全生育期追肥两次，第一次在拔节期，仅玉米种植区域追施尿素13千克/亩；第二次在大喇叭口期，追施尿素20千克/亩，追肥后及时灌水。对于后期脱肥的玉米田块，可以在玉米灌浆期补施5千克的尿素粒肥，以促进后期籽粒灌浆。花生从结荚后期开始，每隔10～15天叶面喷施一次2%～3%过磷酸钙和1%～2%尿素混合水溶液，共喷2～3次。如果水肥过多枝叶繁茂而早衰，可喷0.2%～0.3%磷酸二氢钾3次，维持叶片功能，防止早衰。

玉米花生间作效益明显，尤其在缺铁的土壤上，间作的根际作用能显著改善铁营养，使铁的吸收率提高了68.7%～97.7%，因改善铁营养效应对群体产量提高的贡献率占70.4%。花生带采用地膜覆盖，能保墒增温，在花生带间种植玉米可大大避免养分、水分的流失，且玉米植株生长发育迅速，高度很快超过花生植株，从表面看，玉米与花生争夺养分，但从其生长发育特点分析，玉米根系深入土壤较深，这样使不同层次土壤养分得到充分利用，提高了养分、水分的利用率，减少损耗，达到优、劣势互补的效果，是较为理想的种植模式。

3.玉米与甘薯间作节肥技术

（1）定植准备。在春播地块冬前要深翻，结合增施有机肥为主、无机肥为辅，一般亩施农家肥4 000～5 000千克、复混肥（15-15-15）40千克。施肥采用集中深施，有机肥采用沟施，化肥采用穴施，便于薯苗成活。

（2）水肥管理。甘薯大田追肥遵循"前轻、中重、后补"的原则，即：①提苗肥。在栽后3～5天结合查苗补苗，在苗侧下方7～10厘米处开穴追施尿素2～4千克，施后灌水盖土。②壮株结薯肥。在栽后30～40天，施肥量根据薯地、苗势而异，长势差的多施，每亩追施尿素3～5千克、过磷酸钙10千克、硫酸钾5千克；长势好的，则以磷、钾肥为主，氮肥为辅。③催薯肥。又称长薯肥，在甘薯生长中期施用。一般以钾肥为主，施肥时期在栽后90～100天，可每亩施硫酸钾10千克，施肥后及时灌水，以发挥肥效。④裂缝肥。在薯块盛长期，在垄背裂缝处追肥，尤其对发生早衰的或者前期施肥不足的地块，每亩追施速效氮肥如硫酸铵4～5千克，加水溶解，顺缝灌施，效果非常好。⑤根外追肥。在甘薯栽后90～140天，叶面喷施磷、钾肥，不仅增产而且能有效改善薯块品质。一般用2%～5%过磷酸钙溶液，或1%磷酸钾溶液或0.3%磷酸二氢钾溶液在15时以后喷施，隔15天喷1次，共喷2次。注意甘薯是忌氯的作物，不能使用含氯元素的肥料；在沙土地上注意少量多次施肥；水分充足的地块，要控制氮肥的用量，以免引起茎叶徒长，影响薯块生长。

在玉米拔节（占总施肥量的40%）和大喇叭口期（占总施肥量的60%）分两次追肥，追肥以速效氮肥为主，追肥应结合灌水。

玉米、甘薯对养分种类和数量的需求不同，玉米需氮量大，而甘薯施磷、钾肥更有利于其薯块的膨大和品质形成，养分互补是实现玉米甘薯间作增产增效的重要原因。

4.小麦与玉米轮作节肥技术

（1）种植准备。秋季作物收获后，清除根茬，进行深耕翻地，施入农家肥3 000千克/亩。

（2）水肥管理。按照作物目标产量和需肥时期来确定肥料用量和施用时期。小麦500 ～ 600千克/亩、夏玉米600 ～ 700千克/亩的目标产量水平下：①氮肥施用。施尿素50 ～ 60千克/亩，小麦施氮量占全年氮素总投入量的50% ～ 55%，其中氮肥基肥与追肥的比例为基肥氮：拔节期追肥氮：灌浆期追肥氮=6.0：2.5：1.5，或拔节期一次追施氮肥，按基肥氮：追肥氮 = 6：4 ～ 4：6；夏玉米氮素投入量占全年投入的45% ～ 50%，其中基肥氮与大喇叭口期追肥氮的用量比为1：2，或加一次扬花期追肥，比例为基肥氮：大喇叭口期追肥氮：扬花期追肥氮=3：5：2。②磷肥施用。施过磷酸钙70 ～ 80千克/亩，小麦施磷量占全年磷素总投入量的55% ～ 60%，作底肥一次性施入；夏玉米磷素投入量占全年投入的40% ～ 45%为宜，在苗期（三至六叶期）一次性施入。③钾肥施用。施氯化钾20 ～ 25千克/亩，小麦施钾量占全年钾素总投入量的40% ～ 45%，作底肥一次性施入；夏玉米钾素投入量占全年投入的55% ～ 60%为宜，在苗期（三至六叶期）一次性施入。④微肥施用。施硫酸锌1～2千克/亩、硼砂0.5～1.0千克/亩。

5.小麦与豌（蚕）豆间作节肥技术

（1）定植准备。豌豆根系分布较深，主根发育早而快，秋季结合深翻，根据土壤肥力和小麦、豌豆目标产量确定肥料用量，实行有机肥与无机肥，底肥与追肥，氮、磷、钾肥与微肥配合施用。每亩撒施腐熟的农家肥3 000千克、过磷酸钙20～30千克、硫酸钾20～30千克，或者施用三元复混肥（15-15-15）40～50千克作基肥，然后进行土壤耕翻。若地力差的田块，在基肥中还应增施尿素6～8千克／亩，以满足小麦和豌豆复合群体苗期生长的需要，以利于提早形成壮苗和根瘤的迅速形成。

（2）水肥管理。在小麦、豌豆生育过程中追肥氮量占总施氮量的50%，可选择在小麦拔节期或豌豆始花期每亩追施15～20千克尿素，以利小麦拔节和穗分化，同时有利于提高豌豆结荚率，促进籽粒饱满；也可在封行搭架前亩施复混肥（15-15-15）25～30千克、尿素10～15千克、氯化钾或硫酸钾10千克，并在盛花期喷施硼肥保花、保荚，或者花期根外追施硼、钼等微量元素，如在开花结荚期，根外喷施0.2%硼酸液、0.05%钼酸铵液。另外，在小麦灌浆期或者豌豆花期增加0.2%尿素和0.4%磷酸二氢钾混合液喷施效果更好。

小麦、豌豆间作可以提高土壤肥力，尤其是土壤速效氮含量，因为豌豆可利用自身根瘤菌进行固氮；同时通过大量的壳、叶、残根等还原于土壤，增加土壤有机质，提高土壤的疏松性，改良土壤结构，培肥地力。

6.大豆与玉米间作节肥技术

（1）定植准备。在一年一熟区，在玉米、大豆播种前要通过犁耙作业进行整地，同时每亩施入商品有机肥1000千克、三元复混肥（15-15-15）50千克。在黄淮海一年两熟区，由于小麦收获和玉米、大豆播种处于三夏大忙季节，收麦前可将有机肥送到地头，蓄足底墒水，收麦后应立即施肥、整地。

（2）水肥管理。玉米全生育期追肥两次，第一次在三叶期，仅玉米种植区域每亩追施尿素10千克；第二次在大喇叭口期，追施尿素20千克/亩，追肥后及时灌水。对于后期脱肥的玉米田块，可以在玉米扬花灌浆期补施粒肥，每亩追施尿素5千克，以促进后期籽粒灌浆。大豆可在初花至盛花期用0.05%钼酸铵溶液进行叶面喷施；在开花结荚期，每亩追施尿素5～10千克，叶面喷施0.3%～0.5%磷酸二氢钾溶液，每10天喷1次，连续喷2～3次，增加干物质积累。若遇干旱天气，要灌好开花、结荚、鼓粒水，减少花荚脱落，提高荚粒数和粒重；遇阴雨天应及时排水防渍。

玉米与大豆间作体系中，玉米为须根系，根量大且分布相对浅；大豆为直根系，根深而量少，两者在养分利用空间上有互补优势。玉米需肥量大，当玉米与大豆间作时，玉米对氮的需求和竞争能力要远高于大豆。玉米能从大豆固定的氮中获得部分氮，以满足其生长需要，从而使大豆根区土壤氮素水平下降；而缺氮会有利于大豆固氮能力的提高，从而使整个系统的吸氮量明显增加。

## （三）蔬菜多作节肥技术模式

蔬菜品种多、生长周期短、复种指数高、经济效益好，在生产上如果能够合理地进行蔬菜与其他作物及蔬菜间的轮作、间套作，有利于土壤肥力的恢复与提高，减轻病虫害发生，增加作物产量，改善农产品品质。

蔬菜间套作根据与蔬菜间套作的作物种类划分为蔬菜与蔬菜间套作、蔬菜与粮食作物间套作、蔬菜与其他经济作物间套作三大类型。

蔬菜轮作主要有菜菜轮作、菜粮轮作、菜经轮作三种。

### 1.茄果类蔬菜间套作叶类菜节肥技术

茄果类蔬菜间套作生育期短、早熟的叶类菜，改一季单种蔬菜、一膜一熟为一季两种蔬菜、一膜二熟，可提高复种指数，增加单位土地产出，提高肥料利用率，实现节本增效。以北京地区早春茬甜椒间作韭菜、甘蓝为例，节肥技术要点如下。

（1）定植准备。选择土壤肥沃疏松的地块，施足底肥，亩施腐熟农家肥4 000～5 000千克、复混肥（15-15-15）50千克；深耕细耙，平整做畦，以2.2米宽为一带，做宽窄平畦，宽畦1.5米，窄畦0.7米，畦埂高0.15米，带间距（操作行）为0.5米。其中，宽畦种甘蓝、韭菜，窄畦种甜椒，甜椒和甘蓝在2月中旬同时定植，甘蓝收获后定植韭菜。

（2）水肥管理。①甘蓝生长期通常追肥5～6次，一般在定植、缓苗、莲座初期、莲座后期、结球初期、结球中期各追施一次，重点是在结球初期。施肥浓度和用量随植株生长而增加，前期以氮肥为主，每亩追施尿素20千克。②甜椒生长过程中，当门椒长到3厘米左右时结合灌水，重施一次肥。结球初期和结球中期各追施一次，可每亩追施尿素15～20千克、氯化钾10千克。追肥后如果没有下雨要及时灌水，灌水应做到小水勤灌，切忌大水漫灌，雨水过大时要及时排涝。要做到蹲促结合，防止徒长，使植株多坐果，争取高产。③韭菜于3月中旬育苗，选择平整肥沃的育苗地，亩施腐熟农家肥3 000千克、复混肥（15-15-15）30千克，深翻30厘米，耙碎整平。苗高10厘米时，每亩追施尿素20千克，以后15～20天追肥一次，追肥量同前，连续追肥2～3次。育苗后期应控水蹲苗，促进根系发育，培育壮苗。在5月中旬收获甘蓝后的空地，亩施腐熟农家肥3 000千克、复混肥（15-15-15）50千克，深耕细作，平整土地，开始定植韭菜。定植后及时灌缓苗水，7～10天以后再灌水一次，并随水每亩冲施尿素20千克。甜椒拉秧前，8月中旬以后，随着气温变凉，韭菜进入一年中的第二次营养生长高峰。从8月下旬开始，对宽畦定植的韭菜要加大水肥管理，每10天左右追肥灌水1次，每亩追施尿素5～10千克或硫酸铵15～20千克，连续2～3次。

### 2.叶类菜间套作叶类菜节肥技术

为了实现增产增收，蔬菜生产中最常见也最易操作的就是叶类菜之间的间套作，可以实现一年多熟。多熟种植是在一年内于同一田块上前后或同时种植2种或2种以上作物的种植模式。以温室内茼蒿、芹菜、苋菜、西兰花一年四熟高效套作栽培模式为例进行说明。

（1）定植准备。结合整地亩施腐熟农家肥4 000～5 000千克、复混肥（15-15-15）50千克作底肥；做1.5米宽平畦，畦埂高0.15米，耙平畦面，提前1天浇透底水，第二天用细耙疏松畦面使土壤上虚下实。1月中旬开始播种茼蒿。

（2）水肥管理。茼蒿收获后种植芹菜，芹菜中后期加强水肥管理，每隔10～15天，亩施复混肥（15-15-15）15千克。5月中旬收获芹菜后开始播种苋菜，播种前每亩撒施尿素或高氮型复混肥10～15千克，苋菜生长中期追施一次复混肥，亩施复混肥（15-15-15）15千克。苋菜收获后，结合翻地亩施腐熟农家肥3 000千克和复混肥（15-15-15）50千克。8月下旬开始定植西兰花，缓苗后随水每亩追施尿素15千克；花球直径长至2～3厘米时随水每亩追施复混肥（15-15-15）20千克；花球形成中期再随水每亩追施复混肥（15-15-15）20千克，整个生长过程中保持土壤湿润。

### 3.大棚鲜食玉米、丝瓜、蒜薹间作节肥技术

（1）定植准备。每亩施入腐熟农家肥4 000～5 000千克和硫酸钾型三元复混肥（15-15-15）50千克作为基肥，然后将土壤旋耕耙平。大棚内南北向种植，中间操作过道留1.2米，离大棚两边边距30厘米处南北向各起1垄，垄宽40厘米、垄高15～20厘米，种植1行丝瓜，株距40厘米；离丝瓜垄30厘米处开始，南北向分别起3垄，垄间距30厘米、垄宽60厘米、垄高10～15厘米，每垄种植2行鲜食玉米，行距40厘米、株距20厘米。丝瓜和鲜食玉米生长期相近，3月上旬同时定植，6月底7月初鲜食玉米、丝瓜采收结束后将土壤旋耕耙平，离大棚两边边距60厘米处，南北向整成3个平畦，畦间过道40厘米、畦宽2米，准备栽植蒜薹。

（2）水肥管理。当玉米长出5～6片叶时，要进行追肥，一般亩施尿素10千克、硫酸钾或氯化钾5千克，可以促进根的生长；当长出12～13片叶时，再亩施尿素15千克、硫酸钾或氯化钾5千克，两株之间穴施，之后盖土。丝瓜生长期长，需肥量大，追肥要前轻后重，前重氮肥后重磷、钾肥。一般抽蔓后追施1次提苗肥，每亩追施尿素10千克；开花坐果后，追

施1次膨果肥，每亩追施硫酸钾、复混肥（15-15-15）20千克或及时补充冲施肥（N：P：K=15：5：30）配合甲壳素生物有机肥。每采收3～4次追肥1次，结果盛期要加大追肥量。蒜薹定植前结合耕翻，亩施复混肥（15-15-15）30千克，开沟做畦，畦宽2米、沟宽40厘米；定植后要注意在7天左右、采薹初期和采薹盛期分别追施尿素10千克/亩，共计3次左右；移栽后要进行1～2次除草，此阶段如果遇到干旱天气，要及时对蒜薹进行灌水。

4.马铃薯、玉米、白菜间套作节肥技术

（1）定植准备。精心挑选肥力良好、土壤疏松的沙壤地，这样马铃薯块茎才能膨大生长。整地时亩施腐熟农家肥4 000～5 000千克、三元复混肥（15-15-15）50千克作为基肥。实行垄作栽培，按1.2米宽画线起垄，垄高15厘米、下底宽90厘米、上顶宽60厘米，垄上栽2行马铃薯，行距50厘米、株距25厘米；垄沟底种植1行玉米，株距15厘米，玉米距马铃薯35厘米。马铃薯一般在2月底3月初进行移栽，"五一"前后进行春玉米间作种植；套种白菜需要在7月中旬提前育苗，在8月底9月初玉米收获前移栽套种于玉米行间。马铃薯选用高产、优质、早熟的脱毒品种，玉米选用叶片上冲、口感好的品种，白菜选用高产、抗病品种。

（2）水肥管理。马铃薯长出5片叶后可追肥灌水，在灌水的同时亩施复混肥（20-5-20）20千克；

在现蕾期可追施10～15千克/亩尿素，确保土壤湿润，不得大水漫灌；在开花初期，根据生长情况叶面喷施调节剂，预防其疯长。玉米出苗后应及时划锄，加快幼苗生长，保证玉米幼苗在马铃薯植株封沟前高于马铃薯植株，避免被马铃薯植株遮住。在玉米生长过程中，应保持田间持水量为65%～70%。玉米扬花和籽粒灌浆期为预防脱肥早衰，可叶面喷施稀释800倍磷酸二氢钾溶液。白菜移栽后应注意灌水，成活后划锄晒垄，不得过早灌水，见干见湿，结球期亩施三元复混肥（15-15-15）25千克。

5.温室草莓间套作番茄节肥技术

（1）定植准备。亩施腐熟农家肥4 000～5 000千克、三元复混肥（15-15-15）25千克作基肥，撒施后深耕25厘米，细耙2遍，灌足底墒水。草莓采用传统的高垄种植，垄高30厘米、垄宽40厘米，操作过道50厘米，每垄种植2行草莓，行距20厘米、株距15厘米。8月底9月初开始定植草莓，翌年4月中旬在2行草莓中间定植1行番茄，株距为30厘米。

（2）水肥管理。草莓开花期应控制灌水，保持土壤湿润。早晨采收前要控制灌水。追肥采取少量多次的原则。定植苗长出4片新叶时每亩追施尿素10千克，施肥后及时灌水和中耕；从顶花序吐蕾开始，每隔20天左右，每亩追施复混肥（20-5-20）15千克；生长中后期结合喷药，叶面喷施0.3%～0.5%磷酸二氢钾，每7～10天喷1次，共喷2～3次。番茄坐果前以控水为主，坐果后至果实膨大期加大灌水量；定植后5～8天灌1次缓苗水，10天后视墒情再灌1次水；蹲苗终期田间持水量以60%为宜；进入果实膨大期，每隔7～10天灌1次水，每亩随水追施三元复混肥（20-5-20）15～20千克；5月上中旬最后一批草莓收获后，对番茄进行1次大追肥，亩施磷酸二铵、尿素、硫酸钾各15千克，以后进入正常管理。

在北京，草莓生产中常套作茄果类蔬菜。草莓在每年8月底9月初定植，翌年3、4月已到生长后期，从产量、品质等方面来说都处于下降时期，此时可在原有草莓栽培畦上，单行套作茄果类蔬菜，如草莓套作番茄等。此套作模式，由于草莓生产需肥量大，前期生产过程中氮、钾肥施用充足，不用起垄和施底肥，可以直到番茄第二穗坐果期开始追肥。这样比常规栽培至少省去底肥和第一穗果施肥量，进而达到节肥效果。

### 6.大棚葡萄间套作蔬菜节肥技术

（1）定植准备。葡萄栽植株行距为0.6米×2米，11月大棚覆膜前，按行距2米挖栽植沟，宽60厘米、深50厘米，生土与熟土分放；沟内亩施腐熟农家肥4 000～5 000千克、缓释复混肥（15-15-15）50千克，用熟土混匀后填平，灌水沉实。在葡萄行间做1.5米宽平畦间作叶类菜。

（2）水肥管理。间作的蔬菜以耐寒、生长期较短的低矮蔬菜为好，如茴香、苦菊、生菜、油菜、菠菜和莴苣等。葡萄栽植沟土壤干湿适宜时整修菜畦，11月种茴香、生菜和苦菊等，若种油菜和莴苣，可提前育苗，上冻前移栽入棚。葡萄新梢高20厘米左右时，每株穴施尿素20克，灌水；7月下旬至8月初冲施1次高钾复混肥，每亩用量40千克；9月每隔10天喷施1次0.3%磷酸二氢钾，连喷3次。前期蔬菜灌水冲肥较多，葡萄苗无需灌大水。9月中旬，在种植行一侧30厘米外，挖深30厘米的沟，亩施腐熟农家肥4 000千克左右、复混肥（15-15-15）50千克，施后灌水。萌芽后每亩沟施尿素40千克，灌水；果实膨大后期每亩追施复混肥（20-5-20）30千克；果粒软化前每亩冲施高钾复混肥40千克，并每隔7天叶面喷施1次磷酸二氢钾，连喷3次；摘果后亩施复混肥（15-15-15）30千克，恢复树势。沙壤土宜少量多次追肥，半月左右冲施1次。

葡萄栽植前期与蔬菜间作的模式，增加了经济收益，同时在早扣棚膜晚拆棚膜条件下，葡萄生长季避免了雨水的冲淋，枝蔓、叶、果穗很少发生病害，大大减少了杀菌剂的使用量。二氧化碳是各类植物光合作用的原料，增加二氧化碳的浓度是提高作物产量的重要措施。葡萄间套作蔬菜能充分利用植株高矮交错的特点，易于田间大气流动，被消耗的二氧化碳容易得到补充。

7.设施黄瓜、番茄轮作节肥技术

（1）定植准备。茬口安排秋冬种植番茄，番茄收获后，早春种植黄瓜。番茄品种选择以抗TY品种为主，黄瓜品种选择以抗低温、耐弱光为主。常年种植的设施基地，亩施商品有机肥1 000 ～ 15 000千克、复混肥（18-7-20）30千克作底肥。

（2）水肥管理。番茄定植缓苗后第七天，灌一次缓苗水，水量要以能使定植垄完全湿润为准。番茄第一穗果之前不施肥，灌水量根据气候及设施内环境状况来定，这一时期水量不宜过多；第一穗果坐果后，开始追肥，每亩追施腐殖酸水溶肥（腐殖酸≥6%，N-P$_2$O$_5$-K$_2$O为18-2-10）16 ～ 20千克，每15 ～ 20天随水一起冲施。番茄采收结束后，平畦整地，亩施商品有机肥1 000千克、复混肥（18-7-20）30千克作底肥。黄瓜定植缓苗后第七天，灌一次缓苗水，水量同样要以能使定植垄完全湿润为准。黄瓜根瓜坐果前一般不施肥，根瓜膨大期每亩追施腐殖酸水溶肥20 ～ 25千克，盛瓜期根据黄瓜长势情况，每亩追施腐殖酸水溶肥16 ～ 20千克，每10 ～ 15天随水一起冲施。

番茄—黄瓜轮作周期内配方施肥技术的应用效果显著，可增产23.8%。这一轮作方式充分考虑了番茄、黄瓜两种茄果类蔬菜养分需求规律及土壤供肥情况，减少氮肥和磷肥的施用量，增加钾肥的施用量，有利于平衡土壤养分，增加作物产量。

8.设施黄瓜、甘蓝轮作节肥技术

（1）定植准备。茬口安排越夏茬种植黄瓜，黄瓜采收拉秧后定植越冬茬甘蓝。越夏黄瓜品种宜选用耐高温、耐涝、抗病品种，越冬甘蓝宜选择冬性强、抗病性强的品种。平整土地，常年种植的设施基地，亩施商品有机肥 1 000～15 000 千克、复混肥（18-7-20）30 千克作底肥。

（2）水肥管理。由于是越夏茬黄瓜，黄瓜定植缓苗后第四天，灌一次缓苗水，水量要以能使定植垄完全湿润为准，10 天后根据气候实时灌水。黄瓜根瓜坐果前一般不施肥，根瓜膨大期每亩追施腐殖酸水溶肥 20～25 千克，盛瓜期根据黄瓜长势情况，每亩追施腐殖酸水溶肥 16～20 千克，每 7～10 天随水一起冲施。黄瓜采收拉秧后，平整土地。由于黄瓜生长期间施肥量大，甘蓝定植后每亩底施复混肥（18-7-20）30 千克，分别在莲座期、结球初期、结球中期追肥 3 次，每次每亩追施腐殖酸水溶肥 25 千克，随水一起冲施。

果菜、叶菜轮作是蔬菜种植过程中重要的轮作方式，充分考虑了果菜、叶菜不同的需肥特性及施肥特点。叶菜种植过程中针对上茬果菜底肥及追肥施用量大的施肥习惯，可以不施或少施底肥，尤其是有机肥；果菜以吸收磷、钾肥为主，叶菜以氮肥为主，可以防止土壤单盐积累和毒害，提高土壤养分利用率。

9.设施甘蓝、芹菜轮作节肥技术

（1）定植准备。安排秋冬茬种植甘蓝，甘蓝收获后，早春定植芹菜。甘蓝品种选择耐低温、耐弱光品种。常年种植的设施基地，平整土地后，亩施商品有机肥1 000 ～ 15 000千克、复混肥（15-15-15）30千克。

（2）水肥管理。甘蓝定植7天后，灌一次缓苗水，水量要以能使定植垄完全湿润为准；地稍干时，中耕松土，提高地温，促进生长。生长期追肥2 ～ 3次，分别在莲座期、结球初期、结球中期施用，每次每亩追施腐殖酸水溶肥25千克，随水一起冲施。甘蓝收获后，平整土地，亩施商品有机肥1 000千克、复混肥（15-15-15）30千克。芹菜定植后，由于芹菜根系浅、栽培密度大，追肥应勤施薄施，缓苗期可以不施肥，提苗期可随水每亩追施硫酸铵10千克。当新叶大部分展出时，要多次施肥，可每亩追施腐殖酸水溶肥16 ～ 20千克，每15 ～ 20天1次，随水一起冲施。

叶菜轮作，可以充分利用设施资源，增加茬口和产量，提高设施种植收益。叶菜轮作过程中，追肥要分多次施用，每次施用量不宜太多，避免氮、钾肥过多，增加硼肥和钙肥的施用，从而提高肥料利用率。

10.设施番茄、玉米轮作节肥技术

（1）定植准备。茬口安排越冬茬种植番茄，番茄收货后，直接播种玉米，番茄品种选择以抗TY品种为主。常年种植的设施基地，亩施商品有机肥1 000 ～ 1 500千克、复混肥（18-7-20）30千克，平整土地，打畦做垄。

（2）水肥管理。番茄定植缓苗后第七天，灌一次缓苗水，水量要以能使定植垄完全湿润为准。番茄第一穗果之前不施肥，灌水量根据气候及设施内环境状况来定，这一时期水量不宜过多；第一穗果坐果后，开始追肥，每亩追施腐殖酸水溶肥16～20千克，以后每穗果坐住后都追肥一次，追肥随水一起冲施。番茄采收结束后，直接在定植垄上播种玉米，可以根据垄面大小确定播种密度。玉米播种后，苗期注意补水，防止过分干旱造成死苗、缺苗，生育期内不施肥。玉米采收后，秸秆可以直接粉碎还田。

设施蔬菜连作问题造成的土壤次生盐渍化现象，已成为设施生产急需解决的问题。除了灌水等物理手段除盐外，通过轮作禾本科作物降盐的生物手段也成为实际生产中常用的方法。设施温室通过蔬菜、玉米轮作，可有效降低土壤盐分含量，主要由于玉米根系发达、生长迅速、吸肥能力较强且植株高大、蒸发量小，生长过程中可吸收大量多余盐分离子，为下茬蔬菜生长消除了易引起积盐浓度危害的因子。

## （四）果园间作节肥技术模式

果园间作是一种传统的果园管理制度，尤其在枣、核桃、板栗、梨等果园采用较多，间作方式也多种多样。果园中常用的间作物有豆科作物、甘薯类和蔬菜类等。北方间作树种一般为枣、柿、梨、苹果等，南方以柑橘、李等为主。

果园间作的最佳模式主要有：①果粮间作。桃‖豌豆‖大豆，桃‖谷子，桃‖马铃薯；苹果‖谷子，苹果‖大豆；板栗‖大豆；李子‖花生，李子‖大豆；梨‖甘薯。②果菜间作。水浇地间作韭菜、菠菜、油菜等；桃园可以间作韭菜、甘蓝、菜椒、茄子、菠菜、冬瓜、萝卜、番茄等，最好不间作高秆爬蔓的蔬菜；旱地间作秋萝卜、茄子、辣椒等需水少的蔬菜。③果药间作。果园可间作矮秆药材，如柴胡、桔梗、板蓝根、黄芩、知母、地黄、沙参、党参、红花等。

果粮间作比较普遍，是我国北方一种常见的农林间作种植模式。以果为主的间作模式，果树株距为2.0～2.5米、行距为5～6米，树高3米左右。幼树期留出宽1米左右的果树清耕带，果树行间种植作物；随树龄增加，间作面积逐年减少，盛果期少间作或不间作，以保证果树产量。

### 1.枣树间作小麦节肥技术

（1）深耕精细整地，足墒足肥。秋季作物收获后若土壤墒情不够，则需灌好底墒水。耕前要施足底肥，一般亩施腐熟农家肥1 500～2 000千克、磷酸二铵20～25千克或过磷酸钙50～60千克，深耕达20厘米以上。耕后要精细整地，使地面平整，无明暗坷垃，土壤上虚下实，以利小麦出苗。

（2）加强田间管理，实施关键水肥。小麦出苗后及时查苗补种。立冬始至小雪灌好封冻水。早春以中耕划锄、提温保墒为重点。根据苗情、墒情灌好拔节水、孕穗水和灌浆水，并随拔节水每亩追施尿素10～15千克，孕穗期每亩追施尿素5～10千克。一般拔节水在4月初实施，孕穗水在4月底实施。

2.枣树间作夏玉米节肥技术

（1）施足种肥。种肥最好选用复混肥，用量不宜太多，一般亩施复混肥（15-15-15）20千克。种肥一定要与种子分开施用，距离种子5厘米以上，以免烧苗。

（2）科学追肥，防旱排涝。玉米大喇叭口期，可每亩追施尿素20～30千克。对于亩产500千克以上的玉米，在玉米抽雄至吐丝期应补施粒肥，可每亩追施尿素5～8千克。玉米生长中后期若降水过多，造成田间积水，要及早开沟排涝，中耕散墒。玉米生长关键期遇旱要及时灌水，确保能正常生长。

3.枣树间作大豆节肥技术

封垄前中耕培土1～2次。初花期结合灌水每亩追施尿素10～15千克。花荚期要喷施叶面肥0.2%磷酸二氢钾、0.15%钼酸铵或0.10%～0.15%硼酸溶液，利于增加抗性，保叶增粒重。鼓粒灌浆期要视土壤墒情灌水1～2次。

4.枣树间作甘薯节肥技术

甘薯施肥应以有机肥为主、化肥为辅，底肥为主、追肥为辅。农家肥有机质含量多，施入土壤后，在分解过程中所产生的腐殖质可提高土壤肥力，增加沙土的黏结性和保水、保肥的能力；还可使黏土变得疏松，改善黏土的通气性。一般亩产3 000千克鲜薯需底施腐熟农家肥2 000 ～ 2 500千克、尿素15 ～ 18千克、过磷酸钙20 ～ 25千克、硫酸钾10 ～ 15千克。追肥以前期为主，土壤贫瘠和施肥不足的田块应及早追提苗肥，封垄前于垄半坡偏下开沟追肥，每亩追施尿素10 ～ 15千克。甘薯生长后期，宜采用根外追肥，可叶面喷施磷酸二氢钾，一般能增产10%左右。

### 5.枣树间作马铃薯节肥技术

马铃薯施肥应掌握"攻前、保中、控尾"的原则。结合深耕施足底肥，一般亩施腐熟农家肥2 000 ～ 3 000千克、过磷酸钙20千克、硫酸钾15千克。80%幼苗出土后要重施提苗肥；结薯期要视苗情状况，叶面喷施0.5%磷酸二氢钾，或每亩追施复混肥（15-15-15）10 ～ 15千克；结薯期应保持土壤湿润，若土壤干旱，应及时灌水。

### 6.梨树间作小麦节肥技术

（1）树龄选择。在梨麦间作模式中，新定植1 ～ 5年的幼树树体小，对小麦的影响不突出，产量与单作小麦相当。随着树龄的增大，遮光对小麦的影响加剧，小麦的产量逐渐降低。

（2）种植规格和模式。5米×6米、3米×5米和2.5米×6米的模式是较为常见和今后重点发展的模式。

小麦的行向一般从属于梨树，虽然东西行向利于间作小麦行间光照质量与光照度的提高，但需根据梨树具体走向而定。

（3）施肥要点。①梨树施肥。1～5年生梨树在秋季或春季亩施腐熟农家肥2 000～3 000千克。6年生应增施适量的化肥，每亩底施尿素10～15千克、磷酸二铵15～20千克、硫酸钾5～10千克；果实膨大期每亩追施尿素10～15千克、硫酸钾10～15千克，并可叶面喷施0.3%左右的磷酸二氢钾以及钙、硼等中微量元素肥料。②小麦施肥。同枣树间作小麦。

### 7.梨树间作甘薯节肥技术

（1）树龄选择。一般选择幼龄果园，或高枝换优果园。从定植到盛果期，随着树龄的增加，梨树树冠的遮荫效果逐渐增大，产量逐年降低。生产中适宜间作的树龄一般为6年以下未封行的果园。

（2）种植规格和模式。5米×6米、3米×5米为常规定植行株距，此种植密度适合前期间作，一般梨树10年进入盛果期。适宜间作的梨树种植行向为东西向，东西种植光线基本能穿越行间，南侧与北侧的树体遮阳时间及遮荫面积小于南北种植。

梨树通常在两侧0.5米开灌溉和施肥沟，此直径1米范围内不种植甘薯，以保证果树获得充足的养分和光照，确保正常生长。以3米×5米梨树为例，去除果沟，有4米间作区。1～3年树龄，按0.75米起垄，种5沟甘薯，甘薯垄高不超过0.2米，垄顶可以适当加宽，以利于果树根系发育，随着树冠发育，逐年缩小甘薯种植面积；对于高枝换优果园，因种植规格不同，适当减少甘薯行距为0.7米，适种期3～5年。

（3）技术要点。①深耕地、浅作沟、多施肥。在果树根系区域外适当增加耕地深度达3厘米，并增加基肥用量，在亩施2 000～2 500千克腐熟农家肥的基础上，另外加50千克甘薯专用复混肥（8-7-10）。在甘薯整个生长期内，一般不需要追肥，在生长中期，可根据植株长势喷施0.2%磷酸二氢钾溶液，每隔6～7天喷1次，连喷3～4次。地膜覆盖保护栽培的地块，底墒不足时，盖膜前一定要灌水造墒后再起垄覆膜。甘薯垄高20～25厘米，垄顶可以适当加宽，利于根系发育。②地膜覆盖技术。年生产单季薯采用单层覆盖，用（80～90）厘米×（0.005～0.008）毫米规格地膜全沟覆盖。早熟双季薯采用双层覆盖，双层覆盖是在单层覆盖基础上，附加支架拱棚，跨度2.7～4.5米不等。地膜覆盖不仅利于保墒，缓解地下水源紧张的矛盾，而且利于对病虫杂草的综合防治，是果薯间套作的重要技术环节。

8.苹果间作花生节肥技术

（1）种植规格和模式。新植苹果幼树多数行株距为5米×4米或5米×3米，定植后在苹果幼树行向两侧各50厘米处，培宽0.2米、高0.2米的土埂。

前1～3年，行间空地每隔20～25厘米铺一幅宽60～70厘米的地膜，每个行间铺4幅，每幅膜播2行花生，行距40～45厘米、株距15～16厘米。随着树龄的增加和树冠的增大，在施有机肥的同时加宽果树行间的清耕部分，使之达到1.5～1.8米，行间改铺2～3幅地膜，即每行间播4～6行花生，以不影响花生的光照，又便于苹果管理为宜。

（2）苹果幼树管理。幼龄苹果以春季修剪为宜，3月底完成，修剪要轻。夏季对3年以上的幼树非骨干枝采取摘心、扭梢、喷生长调节剂等措施，促其及早成花结果；9月上旬以前对所有未停长的新梢进行摘心，以保证新枝安全越冬。春季第一次追肥灌水应在5月上旬幼树新梢量旺长前进行，株施尿素0.1～0.2千克并灌水；6月土壤易干旱，可灌水1～2次；7月新梢生长缓和时，株施复混肥（15-15-15）0.1～0.2千克；8月下旬施腐熟农家肥，1～3年生每株25～50千克，4～5年生每株50～70千克，每次施肥灌水后及时中耕除草。

（3）花生栽培管理。施足底肥是花生获得高产的关键，播种前亩施腐熟农家肥2 000～2 500千克、过磷酸钙30～35千克、尿素10～15千克，耕翻后做成高5～8厘米、宽65～70厘米的高畦，搂平，用40%除草醚0.3～0.4千克加水100千克喷于畦表面，喷后立即盖膜。若墒情不好，应在耕前灌水。覆膜15天后播种，每亩点播4 000～5 000穴；花生出土后20天，每亩追施尿素5～10千克；开花后在花生中央压一把土，有利于果针入土。

### 9.苹果间套作西瓜节肥技术

株行距为3米×4米栽植的果园，每行间套作2行西瓜，西瓜播种行离苹果植株1米，西瓜株距33厘米左右。早熟品种于"春分"后1周搭小拱棚播种，常规品种于"清明"前后播种。

（1）深翻土壤。西瓜生长时间短、生长量大、根系发达，对土壤养分消耗集中、消耗量大，在生产中应对土壤进行深翻，以创造疏松的土壤结构。一般耕深30厘米以上。

（2）施足底肥。采用测土配方施肥技术，提倡"一炮轰"施肥方法，将有机肥、全部磷肥、50%钾肥、60%氮肥在播前一次性施入，即亩施腐熟农家肥2 000 ~ 2 500千克、尿素15 ~ 20千克、磷酸二铵12 ~ 15千克、硫酸钾14 ~ 16千克。

（3）适位坐瓜。西瓜每个花序相差5 ~ 7天，第一雌花由于植株叶片少，所坐瓜受营养供给所限，很难长大；而第三雌花后，成熟期延后，西瓜售价下滑，生产效益低。因而，西瓜最适宜的坐瓜部位以第二雌花为佳，生产中通过人工辅助授粉等措施，保证第二雌花坐瓜。

（4）追肥灌水。追肥以氮、钾肥为主，每亩追施尿素10 ~ 12千克、硫酸钾12 ~ 15千克，最好灌施，配合叶面喷施0.2%磷酸二氢钾，补充钙、硼等中微量元素肥料。灌水据土壤墒情及天气状况灵活掌握。

### 10.苹果间作洋葱节肥技术

苹果既可间作洋葱，还可间作白菜、大萝卜、大豆等。

5月中旬在果树行间做畦整地。结合整地深施肥，畦宽1～2米、畦高10厘米，亩施腐熟农家肥2 000～2 500千克、磷酸二铵16～20千克、硫酸钾10～15千克。

洋葱苗龄50～60天，3片叶以上时起苗移栽，起苗时按大小苗分级。为了防止地蛆及病害发生，起苗后用50%辛硫磷800倍液浸根，再用50%多菌灵100倍液浸根。定植株行距（15～20）厘米×15厘米，密度30万～45万株/亩。

洋葱的田间管理主要有灌水与排水、除草与施肥、病虫害防治等。在雨水较多的地区，必须能灌能排。在干旱地区覆膜，膜上开穴移栽，膜下滴灌。洋葱生长前期施肥以尿素为主，每亩追施尿素16～18千克；当鳞茎膨大至3厘米时，再追施一次硫酸钾肥10～12千克/亩。

### 11.葡萄间作花生节肥技术

葡萄园栽植时，葡萄按行距250厘米、株距10厘米定植，亩栽200株。采用单壁篱架，2行葡萄之间除栽植带外，留有150厘米的空地。经耕翻后，于4月下旬至5月上旬，在空地上播种花生4行，行距

26.5厘米、株距24厘米，占地宽106厘米，两边各留22厘米便于管理通行。花生每亩共4 000 ～ 5 000穴，每穴2粒，每亩留苗0.8万～ 1.0万株。

（1）选用品种。葡萄选用产量高、耐储运、市场好的品种；花生选用高产、粒大、含油率高的品种。

（2）栽培管理。4月上旬树液开始流动，葡萄应及时出土上架。如果是上年秋季新栽葡萄，应适当推迟到4月下旬出土。出土后立即喷洒45%晶体石硫合剂防治病虫害。4月中旬以后是葡萄新梢生长期，应每亩追施尿素15千克，促进幼芽早发。出芽后，抹去双芽和三芽中的弱芽、过强芽，只留单芽。新梢长到20厘米并看见花序后，应去掉弱枝和过密枝，每亩留新梢约1万条；同时进行疏花序、切穗尖，每亩留花序6 000个左右。开花前1周左右，主梢留5 ～ 7片叶摘心，副梢留1片叶摘心，同时绑蔓、去卷须。4月下旬至5月上旬，地膜覆盖播种花生。播前每亩底施腐熟农家肥2 000 ～ 2 500千克、复混肥（15-15-15）30千克，耙糖平整。种子要带壳晒种2 ～ 3天，用40℃温水浸种12小时，捞出后置于25 ～ 30℃室内催芽，待胚根露尖时播种。播种时起垄覆膜，垄距85 ～ 90厘米、垄沟宽30厘米、垄高13厘米；垄面要用耙子推平拉细，以保证覆膜后能拉平、铺直、贴实拉紧。地膜宽90厘米、厚0.004毫米，边喷除草剂边覆膜，覆后两边的土必须将膜压紧，以防大风吹起地膜。7月为葡萄果实膨大期、花生盛花期，要适时灌水，并结合灌水每亩追施尿素20千克。9月浆果成熟，选择着色较好的陆续采收上市。采收后，对葡萄开沟扩穴，亩施腐熟农家肥2 500～3 000千克、过磷酸钙20千克、硫酸钾15千克，与土混匀回填沟内并灌水。9月下旬或10月下旬落叶后开始修剪。

### 12.葡萄、马铃薯、甘蓝立体种植节肥技术

葡萄采用丰产、优质、早熟的优良品种，株行距为1米×2.5米，3月定植，7月底8月初收获。葡萄的管理措施如下：一是水肥管理。在开花前后期，如遇干旱天气各灌一次水；果实膨大期需水量最多。采果前应施足基肥，亩施腐熟农家肥2 500～3 000千克，开沟深施。在开花前、幼果膨大期用1%～2%尿素、0.3%～0.5%磷酸二氢钾喷施叶面，或每亩追施复混肥（15-15-15）14～16千克。二是整形及冬夏修剪。葡萄整形采用多主蔓自然扇形，尽量使葡萄合理布满架面。葡萄修剪（冬前剪）一般在冬至前后最为理想；夏季修剪在葡萄幼芽萌动抽枝以后进行，以新梢摘心抹芽、去卷须、新梢引绑为主要内容。

葡萄行间可套作6行马铃薯。马铃薯选用早熟、丰产的品种。春季马铃薯3月10日前切块催芽直播，6月20日收获。其株行距为15厘米×40厘米，播种深度为7～8厘米。播种前亩施农家肥2 000～2 500千克，墒情要足，出苗70%时每亩追施尿素20千克，灌水后及时中耕、培土。开花前后连灌三水，促薯膨大，收获前1周停止灌水。

马铃薯收获后于葡萄行间，按株行距30厘米×45

厘米定植甘蓝，可套作4行。5月下旬育苗，6月下旬定植，亩施农家肥2 000～2 500千克、尿素10千克、磷酸二铵15千克，包心期每亩追施复混肥（15-15-15）20千克，9月开始收获。

### 13.杏麦间作节肥技术

（1）树龄选择。一般选择幼龄果园，或高枝换优果园。从定植到盛果期，随着树龄的增加，杏树树冠的遮荫效果逐渐增大，产量逐年降低，生产中适宜间作的树龄一般为6年以下未封行的果园。10年以下杏树采用6米×4米、6米×3米或8米×2米、8米×4米、8米×6米的间作模式。

（2）技术要点。①小麦栽培品种。选择高产、优质、抗病性和熟期适宜的品种。②施肥整地。每亩底施腐熟农家肥2 000～2 500千克、尿素10～12千克、磷酸二铵16～20千克、硫酸钾4～6千克，深耕25厘米左右，剔除田间杂草残体，耙耱合墒，使土壤上虚下实、无坷垃，播前平整疏松，以利出苗。③种子处理。种子用种衣剂处理，用40%拌种双可湿性粉剂（拌种灵和福美双按1∶1混配）按种子量的0.2%进行拌种，可以防治根腐病、虫害、黑穗病，促进小麦健壮生长；用25%多菌灵或15%三唑酮拌种，防治小麦锈病、白粉病、腥黑穗病，用量为种子量的0.2%～0.3%。④适期播种。距树50～80厘米处播种小麦。播期应根据气温、土壤、品种等差异而定，适宜播期在9月10—30日。以播期调播量，早播低播量，晚播高播量；高肥力地低播量，低肥力地高播量。9月20日前后播种的小麦，亩播量20～25千克；9月30日后播种的小麦，亩播量不低于25千克。严禁撒播，墒情适宜的情况下，施肥、播种、镇压环环相扣；播量要匀，深浅一致，深度3～5厘米，行距13～15厘米（播种越晚，行距应越窄）。⑤冬前管理。小麦播种后30～50天，一定要灌封冻水（灌水前要在距树80～100厘米处打堤埂防止果树冬季冻害）。结合灌水，每亩追施尿素6～8千克，保证小麦地越冬前土壤相对持水量不小于85%。灌水后在天气回暖时及时搂麦松土，防冻保墒。⑥中后期管理。灌拔节水，每亩追施硫酸钾4～6千克、尿素5～7千克。在小麦孕穗、灌浆期，可喷施0.3%磷酸二氢钾，提高籽粒饱满度和品质。

冬小麦适时收获期是蜡熟末期，此时穗和穗下节间呈金黄色，其下一节间呈微绿色，籽粒全部转黄。群众有"八成熟，十成收，十成熟，两成丢"的说法，因此应及时收获，预防人为减产。

# 十、绿肥种植及利用技术

绿肥是我国传统农业的瑰宝，是一种纯天然、无污染、养分丰富的肥料。种植利用绿肥可培肥土壤，降低化肥用量，提高肥料利用率，提升耕地质量。同时，绿肥覆盖地表，可起到绿化美化、防风固沙，防止水土流失，改善生态环境的作用。

## （一）绿肥的作用

绿肥是利用绿色植物体或者其根茬，直接或间接翻压到土壤中做成的肥料。相比农家堆肥、工厂化加工的商品有机肥等有机肥料，绿肥是最清洁的有机肥源，不含重金属、病原菌等有害物质。翻压绿肥不仅能较快地将有机质、矿物质返还给土壤，补充、平衡土壤营养，而且还能利用绿色植物体覆盖地表，降低近地风速，减少风沙扬尘，减少土壤水分蒸发，截留雨雪，保持土壤湿润，减轻北方冬春季节土壤干旱。豆科绿肥还可以利用其生物固氮作用增加土壤氮素营养，从而减少化肥氮的投入。总之，绿肥除具有肥料作用外，还具有培肥土壤、改善耕地质量、创造田间生态小气候、促进作物生长、改善生态环境的作用。

## （二）绿肥适用范围

绿肥既可以种植在荒地与新开垦农田，也可以种植在农田的空闲时间或者空闲位置，不同地块可以根据气候、种植时间选择合适的品种与种植方式。在荒坡地、新开垦土地，可种植多年生绿肥；在农田上利用，一般与作物轮套作种植，不影响主栽作物生长，利用空闲的时间、空间、温光水热资源；果园可在行间、树下空闲地种植绿肥。

## （三）绿肥种植技术

### 1.种植方式

（1）单作绿肥。在同一地块上仅种植一种绿肥作物，而不同时种植其他作物。如在开垦荒地上先种一季或一年绿肥作物，以便补充土壤养分，增加土壤有机质，以利于后茬作物生长。

（2）间作绿肥。在同一地块上、同一季节内将绿肥作物与其他作物相间种植。如在玉米行间种豆科绿肥，小麦行间种紫云英等。间作绿肥可以充分利用地力，做到用地养地相结合。如果是间作豆科绿肥，可以增加主作物的氮素营养，减少杂草和病害。

（3）套作绿肥。在同一地块上，在主作物播种前或收获前在其行间播种绿肥。如在麦田套作草木樨。

套作除有间作的作用外，还能使绿肥充分利用生长季节，延长生长时间，提高绿肥产量。

（4）混作绿肥。在同一地块上，同时混合播种两种以上的绿肥作物，如豆科绿肥与非豆科绿肥、蔓生与直立绿肥混作，使互相间能调节养分，蔓生茎可攀缘直立绿肥，使田间通风透光。混作产量较高，改良土壤效果较好。

（5）复种绿肥。在作物收获后，利用空余生长季节种植一茬绿肥作物，以供下季作物作基肥。如北京地区春玉米收获后种植一茬二月兰或冬油菜，能充分利用土地及温、光、水资源，为下季作物提供一定养分。

**2.种植技术**

（1）二月兰。

种子选择：选择当年通过休眠期的新种，精选或清除种子内的杂物，做种子发芽试验，准确掌握种子的发芽率和发芽势。

播前整地：在大面积种植情况下，可不翻耕土壤，直接撒播种子，只要种子能接触到土壤，遇到适宜的温湿度条件，就能保证发芽出苗。若追求种子发芽出苗率，需要精细整地，翻耕、靶平土壤，达到上虚下实，无坷垃、杂草。保证土壤足够的墒情，做到足墒下种，从而保证种子萌发和出苗。

播前施肥：如果不追求鲜草产量，一般不需要灌水、施肥。若土壤肥力较低，或用于繁种，可施部分有机肥。

播种时期：北方6—9月均可播种，较适宜的播期为8—9月，最迟9月底。"十一"过后播种，越冬成活率较低。偏北一些的地区，播期应适当提前。

播种方式：大面积种植以撒播为主。条播行距15 ~ 20厘米，播后覆土适时镇压。

播量：每亩播量1.0 ~ 1.5千克，条播比撒播可减少播量20% ~ 30%。整地质量好，可以相对减少播量。农田套作可适当增加播量，弥补作物采收时人工、机械的踩踏损失。

播种深度：浅播，播深1 ~ 2厘米即可，墒情差的地块播深2 ~ 3厘米。

播后管理：如果不追求鲜草产量，一般可不追肥、不灌水，但追肥、灌水可以大幅度提高鲜草产量。一般不需进行除草等其他管理。

适时翻压：如果种植绿肥为了培肥土壤，在4月底至5月初二月兰盛花期用粉碎旋耕机将其翻入土壤。

收集种子：为了收获绿肥种子，5月底至6月上中旬，在角果1/2半左右发黄时即可采收，在水泥地或者塑料布上晒干、碾压，收集种子。

（2）冬油菜。

品种选择：选择抗病性好、耐寒性强的白菜型冬油菜品种。适宜北京地区种植的品种有陇油6号、陇油9号、天油5号、天油8号。

播前整地：油菜种子小，幼芽顶土力弱，要求精细整地。在前茬作物收获后要及早进行耕作，以防失墒，耕后进行耙耱细整。

灌底墒水：冬油菜在播种前的7～10天要灌足底墒水，使苗全、苗匀、苗壮，并为全生育期的生长发育打下基础。

播种：北京适宜播期为9月，每亩播量0.50～0.75千克。可采用小麦播种机播种，将播量调到最小，行距20厘米，播深2～3厘米，播后镇压。

施肥：油菜属喜磷作物，缺硼又会导致"花而不实"症，所以一定要重视磷肥和硼肥的施用。亩产150～200千克油菜籽，一般需亩施尿素20～30千克、过磷酸钙50～60千克、氯化钾10～12千克。硼肥可亩施硼砂0.50～0.75千克或蕾薹期分两次每亩喷高效速溶硼肥100克。

水肥管理：灌好"三水"，即返青水、开花水、灌浆水。追好"二肥"，即薹肥、花肥，每亩施尿素5～8千克。

收获：如果不想收获种子，可等油菜籽成熟后收获。油菜花是无限花序，由上而下陆续开花结角，成熟早晚不一致。当全田70%～80%的植株黄熟，角果呈黄绿色，分枝上部尚有绿色角果，大部分角果内的种子、种皮处于变色阶段时进行收获产量最高。

适时翻压：一般作绿肥，等花盛开后即翻压，南北方翻压时间差别很大，北京地区在5月上中旬油菜花盛花期用粉碎旋耕机翻入土壤。

（3）箭舌豌豆。

播前整地：因种子小，幼苗顶土力弱，要精细整地，均匀覆土。

播种时期：春播从3月初至4月上旬均可，麦田套种或麦后复种在6月中旬左右。套播不宜过早，宜在小麦扬花至灌浆期。秋播宜选择在8—9月。

播种方法：条播、穴播或撒播。撒播后及时灌水，有利苗全、苗匀。

播量：作绿肥单播每亩需种子5～7千克；也可与毛叶苕子（1.5千克）混播，播量为10千克。

施肥：由于生长过程中消耗磷较多，应增施磷肥，每亩施过磷酸钙10～15千克。

中耕除草：苗期生长缓慢，易受杂草危害，应及时除草，松土保墒，以利于幼苗生长。

灌水：开花期和青荚期需要及时灌水，保持土壤水分充足；麦田套种，在小麦收获后需要及时灌水。不耐水渍，在多雨季节应及时排水。

（4）紫花苜蓿。

播前整地：紫花苜蓿种子细小，幼苗较弱，早期生长缓慢，需精细整地，灌水保墒，足墒下种。

播种：华北地区可在3—9月播种，8月最佳。北方春播尽量提前。每亩播量1.5～2.0千克。可点播、条播、撒播，以条播最好。行距20～30厘米为宜，播深1.5～2.0厘米，干旱可播深2.0～3.0厘米，播后镇压以利于出苗。

中耕除草：幼苗期和收割期是杂草危害最严重的

两个时期，应及时消灭田间杂草。

适时翻压或收割：紫花苜蓿进入盛花期用粉碎旋耕机翻入土壤，也可收割地上部用于堆肥或作饲料，地下部可以继续生长。

（5）草木樨。

播前整地：草木樨种子小，出土力弱，根入土深，宜深耕细靶。

播种：草木樨种子一般硬子率为10%～40%，新鲜种子硬子率可高达40%～60%，因此播种前必须进行种子处理。打破种子硬实的处理方法有：①擦种法。先把种子晒过，再放在碾子上，碾至种皮发毛为止。②硫酸处理法。用10%稀硫酸溶液浸泡种子0.5～1.0小时。③变温处理法。先用温水浸泡种子，然后捞出，白天暴晒，夜间放在凉处，经常灌水以保持湿润，经过2～3天后即可播种。虽然一年四季均可播种，但以春播为最好。秋播不能太迟，否则幼苗不易越冬。每亩播量1.0～1.5千克，单播与间、套、混作均可，单播行距20～30厘米、深度2～3厘米。

除草：草木樨生长缓慢，应及时除草。如果刈割喂养牲畜，每次刈割后应进行中耕除草、灌溉、施肥，以提高牧草产量。

适时翻压或收割：草木樨进入盛花期用粉碎旋耕机翻入土壤，也可收割地上部用于堆肥或作饲料。

（6）毛叶苕子。

品种选择：选择新鲜、成熟度一致、饱满的种子，如土库曼、蒙苕一号。

播前整地：播前翻耕土壤，耙耱平整，使活土层深厚。

播前施肥：播种前每亩深施尿素 5 ～ 6 千克、磷酸二铵 8 ～ 10 千克、氯化钾 35 千克。

播种时期：在北方，毛叶苕子以秋播为主，以 8 月中旬至 9 月上旬为宜。

播种方法：条播、撒播均可。条播行距 20 ～ 25 厘米，播深 2 ～ 3 厘米，土壤墒情差，可播深 3 ～ 5 厘米。播后墒情不足可灌水，保证出苗。

播量：每亩播量 5.0 ～ 7.5 千克，条播可减少 10% ～ 20%。

播后追肥：为追求较高鲜草量，可追肥一次，每亩追施磷酸二铵 10 ～ 15 千克。

利用：现蕾期适时翻压；刈割收草一般也在现蕾期—初花期，留茬 10 厘米左右。

(7) 三叶草。

品种选择：北方地区以中型白三叶草为好，如海发。

种子处理：播前晾晒种子，剔除破损、不饱满的种子，以提高发芽率。

施基肥：三叶草为多年生宿根性植物，一次播种，当年生成，多年收割，故初种前的基肥施用非常重要。每亩撒施腐熟有机肥 1 000 ～ 2 500 千克，每亩施复混肥不少于 25 千克。

播前整地：有条件时可先进行土壤耕翻，深度 25 厘米以上，也可旋耕 15 厘米以上，耙平整细。

播种：4月至10月上旬均可播种，以4—5月春季和8—9月秋季较适宜。一般采取撒播，省事省工。每亩播量4～5千克，可实现当年覆盖，同时减少人工除草工作量。播后覆土小范围可人工用钉耙轻搂，将种子覆盖；大面积可用机械耙平，勿覆土过深。

播后保墒：墒情不足时覆草或地膜，干旱时每天喷水保持湿润，直至出苗，苗齐后及时将覆盖物除去。墒情适宜时可不用覆盖。一般播后3～7天出苗。

苗后管理：三叶草出齐后实现了全地覆盖，机械除草难以应用，多人工拔除2～3次。一般当年覆盖，除草完成后，以后各年杂草只零星发生，基本上免除草。

施肥：三叶草出齐后，当年不用施肥，或施少量氮肥。以后视生长情况酌情撒施化肥，也可用3%尿素溶液喷施叶面。

收割：一般当年春季播种田块，秋季可收割1次，以后每年视生长情况可收割3～4次。每次间隔45～60天，每次收割后要视墒情降水情况，每亩撒施尿素10千克左右。

病虫害防治：白三叶草抗病虫能力较强，肥水管理正常的年份很少发生病虫害。

越冬：当年11月至翌年2月为三叶草越冬期，每隔1～2年，每亩撒施腐熟有机肥1 000千克以上。

（8）多年生黑麦草。

播前整地：黑麦草种子细小，播种前需要精细整地，使土地平整，土块细碎，保持良好的土壤水分。

播种：应选择土质较肥沃、排灌方便的地方种植。多年生黑麦草可春播，也可秋播，春播以4月中下旬为宜，秋播为8月底至9月中旬。每亩播量1.0 ~ 1.5千克，一般以条播为宜，行距15 ~ 20厘米；撒播也可以，播后覆土2 ~ 3厘米或铺上一层厩肥。

田间管理：水肥充足是多年生黑麦草发挥生产潜力的关键性条件，施用氮肥效果尤为突出，每次刈割后都应追肥。黑麦草是需水较多的牧草，在分蘖期、拔节期、抽穗期以及每次刈割后均应及时灌溉，保证水分的供应，以提高黑麦草的产量。

（9）鼠茅草。

播种时期：以9月下旬至10月上旬最为适宜，10月下旬播种还能出苗，但幼苗长势不好，越冬困难。翌年3月播种温度比较适宜，但缩短了生长期，需加大肥水。

播量：每亩播量1.5 ~ 2.0千克。

播种方法：以撒播为主，由于鼠茅草种子小而轻，播种前要清除杂草，精细整地，保持足够土壤墒情。播后覆土要薄，镇压要轻（铁耙拉一遍即可）。

## （四）绿肥种植技术模式

### 1. 春玉米—二月兰（冬油菜）利用技术

春玉米轮套作绿肥二月兰（冬油菜）技术是指在春玉米收获前,7—8月，将二月兰种子撒于玉米行间，或在春玉米收获后，整地播种二月兰或冬油菜，翌年春季二月兰（冬油菜）返青生长，大约4月底5月初盛花期，将其进行粉碎翻压入土作绿肥，再进行春玉米播种，形成春玉米—二月兰（冬油菜）轮套作技术模式（图36）。

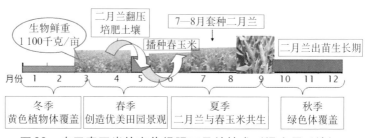

图36　农田春玉米轮套作绿肥二月兰技术（梁金凤／绘）

此种方式可以充分利用秋季及早春的光热水资源，提高土地利用率；冬季及早春能较好覆盖裸露土壤，防风固沙；春季还可以美化田园，翻压补充土壤养分及有机质，提高土壤肥力。连续种植翻压3年，土壤有机质含量提高6.7%，春玉米平均增产6.5%，减少化肥投入20%，亩增收240～310元。

2.利用箭舌豌豆培肥土壤技术

（1）粮豆轮作。利用箭舌豌豆与粮食作物倒茬以恢复地力，提高后作产量。在北方，大多以小麦、马铃薯等与箭舌豌豆倒茬，也可利用撂荒地种植箭舌豌豆压青养地，提高下茬作物产量。

（2）麦田套复种。在麦收前、后，及时抢时套种或复种。箭舌豌豆生长至10月中下旬收获青草，亩产可达2 500千克左右。

（3）作绿肥压青利用。箭舌豌豆在开花期至青荚期是机体养分积累的高峰期，通常也是压青时期，北方地区多采用秋翻。如果用作冬小麦底肥，压青期不应迟于9月上旬。压青时必须注意保蓄水分。春播箭舌豌豆作冬小麦底肥，应在雨季翻压，以利于接纳秋雨。夏播箭舌豌豆作为第二年春播作物底肥，则必须在早秋翻压，以利于蓄水保墒，为绿肥腐解和后作生长创造有利条件。

### 3.利用紫花苜蓿培肥土壤技术

苜蓿不仅固氮，提高土壤肥力，而且因其有发达的根系，能吸收土壤深层养分，根系在土壤中纵横穿插，能改善土壤物理性状，是重要的轮作倒茬养地作物。例如：玉米与苜蓿的粮肥轮作倒茬种植，当年种植苜蓿，在深秋时节把苜蓿翻压入土，翻耕后要注意保墒，翌年春种玉米。粮—肥—饲轮作倒茬，即利用苜蓿多年生，又是优质牧草，而且耐刈割的特性，在苜蓿生长初期的4～5年，因产草量高，茎叶刈割作饲草；5年以后，苜蓿产草量逐渐减少，即可翻耕，后茬可种植粮食作物如冬小麦、谷子、高粱等。苜蓿茬地土壤肥沃，对后茬作物增产作用明显。

### 4.草木樨利用技术

（1）粮肥轮作。3月播种草木樨，8月末或9月翻压入土，翌年种粮食作物。

（2）麦田间套作。小麦与草木樨同时播种，小麦收获后草木樨继续生长直至9月翻压入土。麦田套作可在小麦灌第一次水前至第二次水前套作草木樨，9月下旬翻压入土。

（3）玉米与草木樨套作。3月下旬播种草木樨，4月末播种玉米，6月下旬玉米拔节前翻压草木樨。

### 5.利用毛叶苕子培肥土壤技术

毛叶苕子作为越冬绿肥，需要适时早播，以利于安全越冬。华北地区宜选择8—9月秋播。如果茬口不合适可选择间套作的办法来解决播期问题。

7—8月在玉米行间套作毛叶苕子。在花生、马铃薯收获后播种毛叶苕子，翌年春季翻压入土作春播作物的基肥。棉田套作一般在8月中旬至9月中旬，一般在棉花行的两侧点播或者条播。麦收后与箭舌豌豆或者草木樨混播复种，混播比例为5：1。

### 6.果园绿肥种植技术

果园种植绿肥可选择二月兰、三叶草、毛叶苕子、黑麦草等品种。根据不同品种生长特点，选择合理利用方式。如二月兰可自然落籽，实现季节性覆盖；三叶草、鼠茅草、多年生黑麦草等可常年覆盖；毛叶苕子可刈割覆盖等。

（1）二月兰培肥土壤技术。在果园果树行间种植二月兰，可以培肥土壤（图37）。

一是翻压肥田。作绿肥适时翻压是关键。4月底至5月初，在二月兰盛花期进行机械切割粉碎后翻入

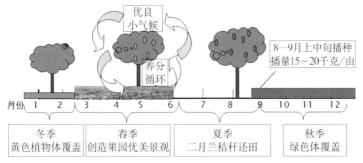

图37 果园覆盖绿肥二月兰技术（梁金凤／绘）

土壤，起到培肥土壤的作用。若连续种植翻压绿肥，正值果树开花结果期，追肥可根据地力和果树长势，相应减少部分化肥用量，充分发挥绿肥的前期肥效，起到减少化肥用量、提高肥料利用率的作用。

二是覆盖肥田。利用二月兰在冬前、春季、秋季以绿色植物体覆盖裸露土壤，形成果园优良小气候，促进果树生长。夏季6月中旬，二月兰种子成熟，自然落籽，秸秆覆盖地表，经雨水浸泡腐烂起到培肥土壤作用。

（2）三叶草培肥土壤技术。在果树下种植三叶草，进行果园覆盖，可以涵养土壤水分和提供养分，促进果树生长；根瘤固氮可补充土壤养分；须根系发达，疏松土壤，创造土壤良好结构。多年覆盖的果园，施肥时可相应减少化肥用量，特别是氮肥，减施比例应综合考虑土壤肥力、果树生育时期及长势等。

（3）多年生黑麦草培肥土壤技术。果园种植黑麦草一般以覆盖为主，也可根据植株高度刈割利用。黑麦草刈割一般在拔节前，留茬高度不应低于5厘米，齐地收割对再生不利。一般每年刈割2～3次，每次刈割后都应亩追施有机肥500千克或施用尿素7.5千克，并应及时灌水。黑麦草覆盖多年的果园，可适当减少化肥用量。

（4）鼠茅草培肥土壤技术。利用鼠茅草冬季可覆盖果园土壤，夏季高温期进入休眠，地上部茎叶干枯，经雨水浸泡腐烂培肥土壤。多年种植鼠茅草的果园，可适当减少化肥用量。

# 十一、开展测土配方施肥，
##    实现节肥增效环保

农民朋友在农业生产中大多是凭经验施肥，存在的主要问题是施肥具有一定盲目性。为了提高作物产量，改善作物品质，保护生态环境，农业部在全国推广测土配方施肥技术，实施化肥零增长行动。本文重点介绍了测土配方施肥技术的基本常识，希望帮助农民朋友们认识和掌握科学施肥的原理和技术，在生产中自觉采用测土配方施肥技术，节约肥料，提高肥料利用率，保护生态环境。

## （一）测土配方施肥的概念

人们到医院看病，医生先要进行检查化验，再根据化验结果和病情制订治疗方案，实现对症治病。测土配方施肥就是由农业技术人员对土壤进行化验，制订施肥方案，做到针对性施肥。

测土配方施肥是在土壤测试和肥料田间试验的基础上，根据作物需肥规律、土壤供肥特点和肥料效应，在产前提出有机肥及氮、磷、钾和中微量元素等肥料的施用品种、施用数量、施肥时期和施用方法。

## （二）测土配方施肥的目的

人们常说："有粮无粮在于水，粮多粮少在于肥"，事实并非完全如此。有的农民朋友化肥没少用，但产量却不高，或产量较高，收入却没增加多少。这是因为不同作物所需的养分不同，不同土壤的供肥能力也不一样，肥料并不是施得越多越好，盲目施用过多，既浪费肥料，又增加生产成本、降低产量、减少收益，同时造成环境污染。测土配方施肥就是针对这些问题所采取的措施，作物需要什么就施什么，需要多少就施多少，按需施肥。这样既可均衡满足作物对各种养分的需要，又能避免养分的奢侈吸收和减少多余养分在土壤中的残留，从而实现优质、高产、高效和环保等肥料综合效益目标。

### 1.作物需肥特点与施肥

在作物需要的所有营养成分中，氮、磷、钾三种养分需要量最大，对作物生长及产量影响最大，所以称为作物营养的三要素。但是，不同作物对各养分所需要的数量也不相同，具有选择性吸收的特点，如小麦、玉米、水稻等是以生产淀粉和蛋白质为主的禾谷类作物，这类作物对氮的需要量较大，磷、钾次之；甜菜、马铃薯等作物为了促进地下块根、块茎中糖类的积累合成，对磷、钾需要量较大，氮次之；大豆等豆科作物对磷的需要量比一般作物多，因为磷能促进根瘤的生长繁殖，提高根瘤的固氮能力；而蔬菜类作物是以生产叶为主的，对氮的需要量比任何作物都大。作物的需肥特性告诉我们，对于不同的作物要选择不同的肥料搭配施用。微量元素虽然在作物体内只占干物重的万分之几，但缺少它们与缺少氮、磷、钾一样，会严重影响作物生长发育，降低产量。例如：玉米缺锌就会出现"白苗症"；小麦缺硼会产生"花而不实"，减产甚至绝产；大豆缺钼，植株生长矮小。不同的作物对不同的微量元素敏感程度不同，因此在施用大量元素肥料的同时，还要根据不同的作物配合施用不同的微量元素肥料。

## 2.土壤的保肥供肥性与施肥

土壤是在一定气候条件下形成的具有活性的物体，它受形成条件、成土母质、气候、植被、耕作方式等因素的影响，耕层土壤养分差异明显。例如，北部黑土麦豆产区，土壤有机质含量高达2.5%～6.0%，土壤供肥能力强，补充少量肥料养分就能满足作物生长发育的需求；西北荒漠地区，土壤有机质含量低，土壤供肥保肥能力差，种植同样作物，可能需要施用更肥料才能满足作物生长需要。据估算，作物生长发育所需要的养分70%来自土壤，由于不同类型的土壤其保肥供肥性差别很大，肥料的增产效果及品种搭配也不同。

# （三）测土配方施肥的内容

测土是在对土壤做出诊断、分析作物需肥规律、掌握土壤供肥和肥料释放特点的基础上，产前确定施用肥料的种类与配比、肥料用量、施肥方法（图38）。制订施肥方案首先考虑有机肥和化肥配合施用，首先考虑用机肥提供作物生长所需要养分，再考虑用化肥补充有机肥供肥的不足。之所以强调有机肥和化肥配合施用，这是由有机肥和化肥的性质和特点所决定的。

图38　测土配方施技术示意

第一，优质有机肥料中都含有较多的有机物质，常年施用不仅能增加土壤有机质含量，还能使土壤有机质得到不断更新，从而使土壤的理化性状有所改善，因此有明显的改土作用。化肥不含有机质，没有直接的改土作用；但能满足作物快速生长时期对养分的大量需求，增加作物产量，弥补有机肥养分供给慢的不足。

第二，有机肥料种类多、来源广、所含养分全面，人们称之为完全肥料；但是有机肥的养分含量较低，1 000千克优质厩肥中只含有5千克氮素。化肥养分含量高，100千克尿素中就有46千克氮素；但是化肥的缺点是它所含养分的种类比较单一，就拿尿素来说，它只含氮素，不含磷、钾，而过磷酸钙中不含氮和钾，单独施用某种单质化肥不能满足作物的营养需求。

第三，有机肥中的养分大多是有机态的，需要经过土壤微生物不断的分解才能逐渐转变为无机态的、作物可以吸收利用的矿质养分，因此有机肥的肥效缓慢，但持续时间长，并有后效。而绝大多数化肥所含养分是水溶性的，作物可以直接吸收利用，肥效迅速，见效快，能在作物最需要养分的时候提供养分；但它的肥效短，不能持久供应。

不难看出，有机肥和化肥各有优缺点，互为补充。因此，两者配合施用才可以相互取长补短，充分发挥各自优点，从而提高肥效。

化肥与有机肥配施应注意以下几点：①施用时间。有机肥见效慢，应早施，一般在播前一次性底施；化肥用量少，见效快，一般应在作物吸收营养高峰期前7天左右施入。②施用方法。有机肥要结合深耕施入土壤耕层，或结合起垄扣入垄底。与有机肥搭配的氮肥，30%作底肥，70%作追肥；磷肥和钾肥作底肥一次性施入。③施用数量。化肥与有机肥配合施用，其用量可根据作物和土壤肥力不同而有所区别，如在瘠薄的土壤种玉米，每亩可施农家肥4米³、尿素24千克、磷肥13千克，或施三元复混肥（15-15-15）13千克；中等肥力土壤可亩施农家肥3米³、尿素20千克，或施三元复混肥（15-15-15）12千克；高肥力土壤可亩施农家肥2.5米³、尿素15千克。尿素在追肥时施用效果更佳，复混肥以底肥为佳。

## （四）测土配方施肥的实现

测土配方施肥技术比较复杂，农民不容易掌握，只有把该技术物化后，才能够真正实现利用。即测、配、产、供、施一条龙服务，由专业部门进行测土、配方，由化肥企业按配方进行生产并供给，由农业技术人员指导农民科学施用。简单地说，就是农民直接购买配方肥，再按具体方案施用即可。这样，就把一项复杂的技术变成了一件简单的事情，这项技术才能真正应用到农业生产中，才能发挥出应有的作用。目前，在肥料门店或配肥站都可以购买到配方肥（图39）。

图39　采购肥料注意事项

## （五）测土配方肥料特性歌

科学施肥一定要有针对性，缺什么补什么才能最大限度发挥肥料的作用，否则不但对增产没有作用，反而会降低其利用率，造成养分资源浪费。那么，怎样施肥才最有效呢？下面的配方肥料特性歌可以作为参考。

### 配方肥料特性歌

配方肥料养分全，各种作物都喜欢。

只因配前先测土，缺啥补啥严把关；
再按作物需肥率，需啥配啥成"套餐"。

主要肥源为一铵，四十四磷十一氮；
由于本身是酸性，偏碱土壤很适应。

掺和尿素增肥效，不同作物比不同；
同是小麦和玉米，配比因地有差异。

旱薄中肥富钾地，要配氮磷两元肥；
高肥水地钾不足，增配钾肥增效益。

烟叶红薯都忌氯，应用硫钾要注意；
微量元素硼和锰，还有锌钼铁氯铜。

这些元素性不同，增配与否看实情；
油菜缺硼花不实，配方肥中就加硼。

玉米缺锌籽粒少，增配锌肥产量高；
大蒜最喜含硫肥，最好增施磷石膏。

棉花喜欢钼和钙，增放一定能增产；
果树大都喜欢铁，增放黑矾果满园。

# 十二、科学认识氮肥，
## 合理施用氮肥

　　自从在农业生产上推广应用化肥以来，农民朋友们最钟情的是氮肥。氮肥对作物生长能够起到立竿见影的效果，因此氮肥的销量在所有化肥种类中遥遥领先，是农业生产上应用范围最广、施用数量最大的一类化肥。但是，人们在施用氮肥的过程中，常常因为对氮肥的品种特点认识不够或者在施用技术上操作不当，造成一些不应该发生的失误。那么，氮肥在施用过程中会发生哪些失误，又应该怎样避免呢？本文将重点介绍常用氮肥的特点、施用方法以及一些农业生产中的施肥小常识，希望农民朋友们能够避免氮肥施用中的一些失误。

## （一）常用氮肥的品种、施用方法及注意事项

　　农业生产上最常用的氮肥有铵态、硝态、酰胺态等形态。铵态氮肥主要有3种，即硫酸铵、碳酸氢铵、氯化铵；尿素为酰胺态；硝态氮肥有硝酸铵、

硝酸钠、硝酸钙。不同品种的氮肥，含氮量与理化性状差异较大，在施用方法和注意事项上也有较大差别，4种常用氮肥品种的施用方法及注意事项见表29。

表29　常见的4种氮肥施用方法及注意事项

| 氮肥品种 | | 施用方法 | 注意事项 |
|---|---|---|---|
| 硫酸铵 | 作基肥 | 作基肥时要深施并覆土，以利于作物吸收 | （1）硫酸铵为生理酸性肥料，施用后土壤酸性会变强，不能与碱性肥料或其他碱性物质混合施用，以防降低肥效 |
| | 作追肥 | 最适宜作追肥使用。在具体施用时应根据不同的土壤类型确定肥料的用量。对保水保肥性能差的沙壤土，要少量多次追施，防止肥料流失；对保水保肥性能好的黏土地块，每次用量可适当多些。另外，旱地施用硫酸铵应注意及时灌水；水田追施硫酸铵，应先将田水排干，并在追肥后及时耕耙 | （2）不宜在同一地块长期施用，长期施用会增强土壤酸性，破坏土壤结构。每次每亩用量最好控制在20～30千克 （3）不适宜在酸性土壤上施用。若确需施用时，应配施适量石灰或有机肥；但硫酸铵和石灰不能混施或同时施用，两者施用时间应相隔3～5天 （4）不宜在水稻田中施用。因为容易在稻根周围形成黑色的硫酸亚铁，形成黑根，造成养分损失 |
| | 作种肥 | 硫酸铵因其物理性状好，对种子发芽无不良影响，特别适合作种肥；但是用量不宜过大，一般每亩3千克左右，种子和肥料均应干燥，并要混合均匀，随拌随 | （5）施用在石灰性土壤上，硫酸根离子会和钙结合使土壤板结。因此，要与其他氮肥交替施用 |

（续）

| 氮肥品种 | | 施用方法 | 注意事项 |
|---|---|---|---|
| 碳酸氢铵 | 作基肥 | 作基肥时，无论是水田还是旱地都应该在施用后立即耕翻。最好结合翻耕整地深施，也可开沟深施或打窝深施，施肥深度要达6厘米以上，且施肥后要立即盖土，防止肥料挥发与流失 | （1）不能与碱性肥料混合施用，以防止氨挥发，造成肥料损失<br>（2）无论作基肥还是追肥，都不能在土壤表面撒施，以防氨挥发，造成肥料损失甚至熏伤作物<br>（3）不宜在土壤干旱或墒情不足的情况下施用<br>（4）施用碳酸氢铵时，切勿与植物的种子或根、茎、叶、花、果接触，防止将其灼伤<br>（5）不能作种肥和秧田肥，否则会影响种子发芽和幼苗生长<br>（6）对土壤的酸碱度影响不大，适宜在各种作物和各种土壤上施用，但最好在酸性土壤上施用<br>（7）作追肥深施时要提前施用，一般水田应该提前4～5天，旱地提前6～10天，用量比粉状的碳酸氢铵减少1/4～1/3 |
| | 作追肥 | 作追肥时，旱地应结合中耕深施，随后覆土灌水；水田要保持3厘米左右的浅水层，并在追肥后及时耕耙。另外，碳酸氢铵作追肥时，千万不能在刚下雨后或者在露水未干时撒施，防止植物沾上碳酸氢铵后造成叶片烧伤 | |
| 氯化铵 | 作基肥 | 作基肥应提前10天施用，施用后应及时灌水，将肥料中的氯离子淋洗至土壤下层，以降低其对作物的不利影响 | （1）适于小麦、玉米、水稻、油菜等多种作物，尤其对棉麻类作物有增强纤维韧性和拉力、提高品质之功效；但不能用于烟草、甘蔗、甜菜、茶树、马铃薯等忌氯作物。西瓜、葡萄等作物也不宜长期施用，否则影响糖分的积累，进而降低产品品质<br>（2）不能用于排水不良的盐碱地，否则会使土壤盐害加重 |

| 氮肥品种 | 施用方法 | 注意事项 |
|---|---|---|
| 氯化铵 | 作追肥，坚持少量多次施用，每次每亩用量控制在15～25千克为宜 | （3）不能长期单一施用。在酸性土壤上施用氯化铵，应配施石灰或有机肥，否则会使土壤酸性增强，容易导致土壤板结；在碱性土壤上施用氯化铵，应深施并立即盖土，否则会造成氮素损失<br>（4）最适于在水田施用，不适于在干旱少雨地区施用<br>（5）所含的氯离子，对种子的发芽和幼苗生长有一定影响，因此不宜用作种肥和秧田肥 |
| 尿素 | 作基肥 适于各种土壤和多种作物，作基肥要深施并覆土，施后不要立即灌水，以防止尿素淋溶至土壤深层，降低其肥效<br><br>作追肥 最适合作追肥，一般要提前4～6天追施，并在施后盖土。另外，尿素还可以作叶面追肥，吸收快、利用率高、增产效果显著；但要严格控制喷施浓度，一般禾本科作物控制在1.5%～2.0%，果树控制在0.5%左右，露地蔬菜控制在0.5%～1.5%，温室蔬菜控制在0.2%～0.3%。对于生长盛期的作物，或者是成年的果树，喷施浓度可适当提高。在清晨或者傍晚的时候喷施较好 | （1）尿素中含有少量的缩二脲，对种子的发芽和生长不利，因此一般不宜作种肥，更不可用尿素浸种或拌种。在不得不作种肥时，应将种子和尿素分开<br>（2）尿素转化成碳酸氢铵后，在碱性土壤中易分解，造成氮素损失，因此要深施并覆土，不可表层撒施<br>（3）缩二脲含量高于0.5%的尿素，不可用作根外追肥 |

主要氮肥品种的性质如下。

## 1.硫酸铵

硫酸铵简称"硫铵"（俗称肥田粉），含氮量20%～21%，是国内外最早生产和使用的一种氮肥，通常把它当作标准氮肥。硫酸铵吸湿性小、不易结块、较易溶于水、易保存、性质较稳定，可以在高温季节施用。

## 2.碳酸氢铵

碳酸氢铵简称"碳铵"，含氮量17%左右，是氮肥中销量较大的品种。因为它的价格比较低，见效也比较快，常在用肥的高峰期供不应求。碳酸氢铵易潮解、易结块、较易溶于水，在低温下比较稳定，高温下易分解为氨气和二氧化碳造成肥效损失。

## 3.氯化铵

氯化铵简称"氯铵"，含氮量22%～25%，也是施用较多的一种氮肥。氯化铵易溶于水、肥效迅速、吸湿性小、容易储存，可广泛应用于水稻、小麦、玉米、棉花、麻类及蔬菜等作物。

## 4.尿素

尿素含氮量44%～46%，是我国目前固体氮肥中含氮量最高的肥料。尿素为中性氮肥，理化性状比较稳定，易溶于水，施入土壤后，必须转化成铵态氮才能被作物大量吸收利用。

除了以上4种常用的氮肥外，生产上还会用到硝态氮肥和长效氮肥，在此简单介绍，供农民朋友们了解与参考。

### 5.硝态氮肥

硝态氮肥指含有硝酸根离子的含氮化合物，主要包括硝酸铵、硝酸钠、硝酸钙，其品种性质、施用方法及注意事项见表30。这3种肥料有一些共同点：①白色结晶，易溶于水，均属速效氮肥。②不易被土壤胶体吸附，易淋失。③嫌气条件下发生反硝化作用，生成$N_2$、$N_2O$等损失氮素。④吸湿性较大，物理性状较差。⑤易爆、易燃，储存和运输过程中应采取安全措施。

表30　常用硝态氮肥的类型

| 类型 | 含氮量 | 施用方法及注意事项 |
|---|---|---|
| 硝酸铵 | 33%～34% | 适宜作追肥，不宜作基肥和种肥。适宜多种作物和土壤。施用时不宜与有机肥混合施用，易造成嫌气条件，发生反硝化作用，造成氮的损失；不宜在水田施用，避免硝态氮的淋失和反硝化损失氮 |
| 硝酸钠 | 14%～15% | 适宜作追肥，宜少量多次施用。多用于经济作物，特别是喜钠作物，如甜菜与萝卜等十字花科作物施用效果较好。含有钠离子，适于中性和酸性土壤，不适合在盐碱土上施用 |

（续）

| 类型 | 含氮量 | 施用方法及注意事项 |
|------|--------|------------------|
| 硝酸钙 | 13%～15% | 吸湿性极强，应在干燥通风处保存；含有钙离子，能改善土壤的物理性状；适宜作追肥，不能作种肥。适宜多种土壤，特别是缺钙的酸性土壤更好，不宜在水田上施用。另外，作根外追肥，可提高葡萄、苹果等果树与蔬菜的产量、品质和储藏性能 |

### 6.长效氮肥

长效氮肥包括缓效或缓释氮肥、控效氮肥，难溶于水或难以被微生物分解，在土壤中缓慢释放养分，其品种性质、施用方法及注意事项见表31。这些肥料也有共同点：①溶解度小，释放养分的速度慢，能减少氮的淋失、挥发、固定及反硝化等损失。②肥效稳且长，能满足作物整个生育期的氮素供应。③可一次大量施用，省工省力。

表31　长效氮肥的类型

| 类型 | 含氮量 | 基本情况及施用注意事项 |
|------|--------|----------------------|
| 尿素甲醛 | 32%～38% | 一般在沙质土壤上施用，可作基肥，但在一年生作物生长前期需配施速效氮肥 |
| 脲异丁醛 | 31% | 脲异丁醛呈颗粒状，不吸湿，不溶于水。适于各种作物，一般作基肥，利用率比尿素甲醛高一倍，但在作物生长前期需配施速效氮肥。是适宜水稻的氮肥品种 |

（续）

| 类型 | 含氮量 | 基本情况及施用注意事项 |
|---|---|---|
| 草酰胺 | 31.8% | 草酰胺呈颗粒状，微溶于水 |
| 硫衣尿素 | 45%以上 | 在尿素颗粒表面涂以硫黄，用石蜡包膜，施入土壤后尿素通过硫衣中的孔隙扩散出来 |
| 钙镁磷肥包被碳酸氢铵 | 14%～15% | 水田施用效果好 |
| 长效尿素 | 45%以上 | 尿素加入脲酶抑制剂，性质同尿素，适合大田作基、追肥，水田也可施用 |

# （二）提高氮肥利用率的主要措施

当前，我国氮肥的有效利用率普遍较低，如何减少氮素损失，提高氮肥利用率是广大农民朋友普遍关心的问题。氮肥利用率是可以提高的。在保证作物产量的前提下，通过技术进步而真正提高氮肥的利用率，减少氮肥的损失和向环境的扩散。从现在和长远来看，减少氮素损失，提高氮肥利用率的技术措施应主要从以下几个方面考虑。

## 1.掌握施肥要诀

氮肥施用要诀与氮肥科学施用的四要素见图40和图41。

要想提高氮肥利用率，科学施肥不可少，可以记住几个施肥要诀。

**施肥要诀**

作物生长要养分，养分来自土和肥；
肥料一要施得对，根据作物选氮肥；
肥料二要施得准，过多过少都不行；
三要施在好时期，作物吸收是关键；
四要施在好位置，减少损失效率高。

图40　氮肥施用要诀（改自张福锁等著《作物施肥图解》）

图41　氮肥科学施用的四要素
（改自谭金芳《作物施肥理论与技术》）

　　一要施得对——针对作物施用氮肥。作物不同，对氮肥的需求也不同。水稻、玉米等禾谷类作物，需氮肥较多，应适当多施。豆类作物，一般只需在生长初期施用少量氮肥即可。不同的作物对铵态氮和硝态氮的反应也不完全一样。水稻、玉米等禾谷类作物施用铵态氮和硝态氮同样有效，而马铃薯则喜欢铵态氮，烟草喜欢硝态氮，大多数蔬菜也喜欢硝态氮。根据作物选择合适的氮肥品种，将会大大提高氮肥的利用率。

二要施得准——氮肥用量要合理。全国几乎所有的土壤和作物都需要施用氮肥。氮肥的科学施肥原则是对不同作物、地块和不同生育时期实时调控氮肥用量。如目前我国大田作物施氮量一般为每亩8～15千克，约1/2作基肥，其余用作追肥，具体施肥量应通过土壤测试和作物目标产量确定（图42）。

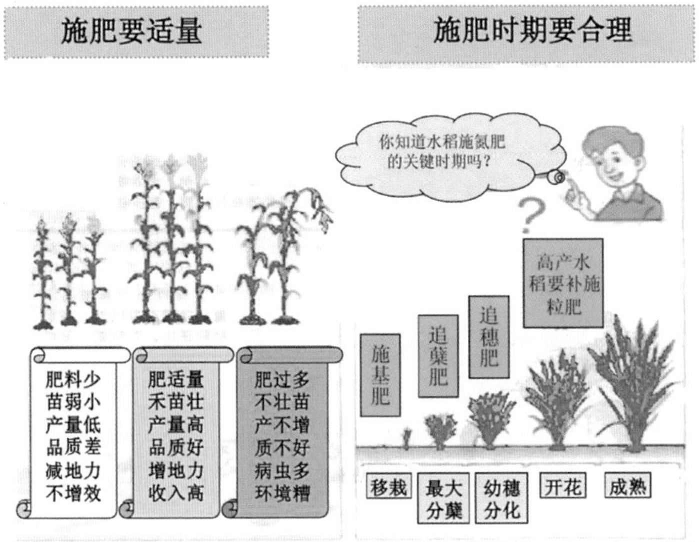

图42　氮肥施用量与施用时期施肥要诀
（改自张福锁等著《作物施肥图解》）

三要施在好时期——抓住关键时期。作物各个生育时期施氮肥的效果是不同的，一般来说，作物苗期需氮不多，而在抽穗结实期需氮较多。如在玉米抽穗开花前后，追施氮肥能显著增产。

四要施在好位置——深施覆土。氮肥深施是一项成熟、效果明显的技术，包括稻田深施、无水层混施、旱地表施后灌水。深施的作用主要是降低氨挥发，施肥深度应结合作物品种特性与施肥量灵活掌握。化肥用量少、作物根系分布较浅的，以中层浅施（深6～12厘米）较好；化肥用量大、作物根系发达、入土深、分布广的应以底层深施（深12～15厘米）为宜（图43）。

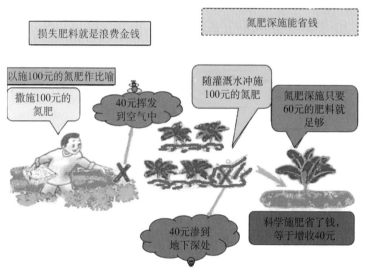

图43　氮肥深施要诀（改自张福锁等著《作物施肥图解》）

## 2.与有机肥配合施用

有机肥养分全面，可改良土壤、提高地力。旱地常年施用有机肥，可培肥土壤，增强土壤保水保肥能力。如旱地单施氮肥，在短期内可能会获得较高的产量，但时间一长，土质就会变劣，施氮肥的效果会大打折扣。而氮肥与有机肥配合施用（图44），便可达到高产、稳产、优质的目的。

图44　氮肥与有机肥配合施用

### 3.配合使用氮肥增效剂

（1）硝化抑制剂。二甲基苯基哌嗪（DMPP）是常用的硝化抑制剂，优点体现在：用量小，每亩施用0.033～0.100千克就能起到很好的硝化抑制效果，有效期可达4～10周；对人体的皮肤和眼睛等无刺激性。通常认为，以氮素的1%作为DMPP的添加量为最优用量。

（2）脲酶抑制剂。正丁基硫代磷酰三胺（NBPT）是一种高效的土壤脲酶抑制剂，在农业中已有广泛的应用。它可以与硝化抑制剂复配或者单独与尿素以一定比例混合使用，可以有效减少氮素的分解流失，提高肥料中氮的利用率，是减肥增效的重要措施和手段。

## （三）氮肥施用小常识

此外，针对农民朋友们比较感兴趣的一些问题以及生产中施用氮肥应注意的一些事项，在此进行汇总，希望对农民朋友们有所帮助。

### 1.购买尿素注意事项

购买尿素，要注意查看尿素中缩二脲的含量。国内外公认的标准是尿素中缩二脲含量应小于1.5%。缩二脲含量超过1%时，不能作种肥、苗肥和叶面肥，其他施用时期的尿素施用量也不宜过多、施用次数不能过于集中。在果菜上长期、单独、连续施用尿素，容易造成缩二脲中毒。最新的尿素国家标准（GB/T 2440—2017）中规定，农用尿素应在包装容器上标明警示语：含缩二脲，施用不当会对作物造成伤害；合格品缩二脲含量应小于1.5%、优等品小于0.9%（图45）。

图45　农用尿素在包装容器上标明警示语示例

### 2.小麦追施尿素注意事项

追施尿素对小麦的生长有很好的帮助，但是如果在小麦追施尿素时不注意施用方法，便得不到很好的效果。提醒农民朋友，用尿素追施小麦时应该做"六要"和"三忌"。

（1）小麦追施尿素的"六要"。一要掌握好用量。最适宜的亩施用量为8～12千克。二要施用均匀。施用不均匀不仅会造成小麦烧苗，还会造成肥料浪费。三要深施覆土。应尽量深施覆土，以10～15厘米为宜。四要提前施用。春季追施尿素时，应比其他氮肥提前5～8天。五要与磷、钾肥配合施用。配施磷、钾肥，才能满足小麦对各种养分的需要。六要根外追肥。小麦中、后期根外喷施尿素，浓度为2%，即在50千克水中加1千克尿素，可喷施1亩麦田，共喷3～4次，每次间隔8～10天。

（2）小麦追施尿素的"三忌"。一忌与碱性肥料混合施用。用尿素追施小麦时，不能和氨水、碳酸氢铵、草木灰等碱性肥料混合施用。二忌施于地表。施于地表，尿素很快转化成氨气而挥发损失；另外尿素易溶于水，撒施地表不覆土，养分会溶于雨水而流失，还会黏在叶片上造成烧伤。三忌施后大水浇灌。尿素在土壤中以分子态溶于水中，虽能被土壤吸附保存，但施后大水浇灌、串灌，尿素还未被吸附就会被冲失掉，应用小水浸润灌溉为佳。

### 3.小麦冻害应及时追氮促苗

小麦越冬期或遭遇倒春寒受冻害，若墒情适宜，可在越冬期间天气温暖时追施化肥。返青后应改过去的控水肥为肥水猛促，促进小麦生长，以弥补冬季受冻的损失。

越冬前已经拔节的麦田越冬期遭受冻害，应趁晴天12～14时进行镇压，把已拔节的主茎和分蘖压伤，以促进小分蘖生长，并结合追肥进行中耕，以促进小麦安全健壮生长。具体操作如下：及时追施氮肥，促进小分蘖迅速生长。主茎和大分蘖已经冻死的麦田，分两次追施氮肥促进分蘖。第一次在田间解冻后追施速效氮肥，每亩施碳酸氢铵30千克（在低温情况下施碳酸氢铵比尿素好），条播田开沟施入，以提高肥效，缺墒麦田加水灌施。磷元素有促进分蘖和根系生长的作用，缺磷麦田可以将尿素与磷酸二铵混合施用。第二次在小麦拔节期结合灌拔节水施用，每亩施尿素10千克。一般性受冻麦田（仅叶片冻枯，没有死蘖现象）应在早春及早锄地，除草松土，提高地温，促进麦苗返青，并在起身期追肥灌水，提高分蘖成穗率（图46）。

图46　小麦发生冻害后补充氮肥

### 4.水稻施用氮肥过多的危害

氮是水稻生长不可或缺的营养元素之一，对提高水稻产量具有重要作用；但施用过量，会适得其反。以下是水稻施用过多氮肥的危害，希望农民朋友正确认识，科学施用。

（1）分蘖期施用氮肥过多，地上部生长过旺，根系生长缓慢，很多分蘖因根系生长小、养分供应能力弱而形成无效分蘖。

（2）生长期氮素过多，水稻植株生长茂盛但软弱，株形相对增高，造成早期下部荫蔽，使湿度和温度相对提高，通风不好，给病虫害创造生长条件，易引发病虫害。

（3）氮肥过多，水稻体内积累大量硝态氮引起中毒，下部叶片枯死早，根易老化，无效分蘖的茎秆发生倒伏，带来严重减产。

（4）氮肥施用过多，大米中蛋白质含量增加，导致品质不好、口感差。

### 5.果树施用氮肥有"四忌"

一忌施用硝酸铵。果树生长期间极易吸收硝态氮肥，若施用硝酸铵肥料，果树吸收的硝酸根离子在体内蓄积会对果树造成毒害。

二忌缺水施碳酸氢铵。碳酸氢铵不稳定、易挥发。因此，碳酸氢铵无论是作基肥还是作追肥，都应在果园湿润的情况下施用，施后立即覆土。如果土壤特别干旱，灌水后施用较妥，或者深施碳酸氢铵，并马上灌水。

三忌反复施用硫酸铵。酸性土壤至微碱性土壤的果园，如果连续施用硫酸铵，会使土壤的酸性加强，造成土壤板结，影响果树根系生长，使果树生长不良，导致水果产量和品质严重下降。

四忌施尿素后马上灌水。尿素中所含的氮素为酰胺态氮，只有在土壤微生物的作用下转化为铵态氮后才能被果树根系吸收利用。酰胺态氮易溶于水，如果施尿素后马上灌水，容易使尿素大量流失。所以，尿素无论作基肥还是追肥，都应在施用5～7天后再灌水。

### 6.蔬菜施用氮肥〝四注意〞

菜园施用氮肥是增加蔬菜产量的有效措施之一，但如果施用方法不当，将会对蔬菜造成污染，降低蔬菜品质。要减轻氮肥对蔬菜造成的污染，必须注意以下四点。

（1）深施盖土。氮肥深施可减少其与空气、阳光的直接接触，以避免挥发散失和污染环境。一般氮肥需施在10～15厘米深度的土层中，对于根系发达的茄果类、薯芋类和根菜类蔬菜的地块，应将氮肥深施在15厘米以下的根系层。

（2）及早施用。叶类蔬菜和生育期短的蔬菜，宜及早施用氮肥，一般在苗期施用为好（图47），蔬菜生长中后期不能过多施用氮肥。对容易在体内积累硝酸盐的蔬菜，应在收获前30天停止施用氮肥。

图47 叶类蔬菜宜苗期施氮肥

（3）控制用量。在一定程度上，蔬菜中硝酸盐的累积量会随氮肥施用量的增加而提高，因此应尽量减少氮肥的施用量和施用次数。一般每亩氮肥用量应控制在20千克以下，肥力较高的菜地应控制在10千克以下或不施氮肥。需要施用氮肥的，应将70%～80%的氮肥作基肥深施，余下的用于苗期深施。

（4）叶类蔬菜注意喷施时间。叶类蔬菜不宜叶面喷施氮肥，因为氮肥中的铵离子与空气接触后易转化成硝酸根离子，被叶片吸收；加上叶类蔬菜生育期短，很容易使硝酸盐积存在叶内。因此，对叶类蔬菜不要进行叶面喷施氮肥，尤其是收获前28天内更不能进行叶面喷施，以防硝酸盐在蔬菜体内大量累积对食用者产生危害。

## 7.秸秆还田后应补速效氮肥

秸秆还田后，会在微生物的作用下发生分解，微生物在分解秸秆中有机质的时候需要利用一定数量的氮素。如果土壤中氮素不足，秸秆在分解过程中会出现微生物与后茬作物幼苗争夺氮素的现象，这会影响后茬作物幼苗的正常生长和秸秆的快速腐烂。小麦、玉米和水稻等禾本科作物秸秆直接还田时，按风干秸秆量计算，每100千克秸秆要加5～8千克尿素，用来调节碳氮比，以保证微生物分解秸秆过程中氮素供应充足。

# 十三、磷肥合理施用技术

磷是作物必需的营养元素之一，合理施用对提高作物产量和品质有积极影响。不少农民知道，合理施用磷肥，可以加速谷类作物分蘖，促进幼穗分化、灌浆和籽粒饱满，促使早熟；可以促进棉花、瓜类、茄果类蔬菜及果树等作物花芽分化和开花结实；可以增加浆果和糖料作物及西瓜等的含糖量、薯类作物薯块中的淀粉含量、油料作物籽粒的含油量以及豆科作物种子中的蛋白质含量。此外，磷肥还能提高作物抗旱、抗寒和抗盐碱等抗逆性。

施入土壤的磷除了部分被作物吸收外，一部分残留在土壤剖面中，一部分暂时储存在微生物体内，剩下的会通过径流、侵蚀和淋洗损失到环境中。值得关注的是，随着有机肥和磷肥的大量投入，土壤磷素大量积累，超出了土壤的承受力，不仅对作物的生长发育产生不良影响，同时也加大磷进入水体的风险，造成水体富营养化。本文介绍了作物缺磷的表现、磷肥施用过量的危害、如何合理施用磷肥，以及主要作物磷肥推荐施肥方案，为农民朋友合理施用磷肥提供参考。

## （一）作物缺磷的表现

磷对作物的作用是多方面的，因此作物缺磷在症状上表现复杂。只有少数敏感作物缺磷时外观形态容易表现出来，多数作物如果外观明显表现缺磷，植株已遭到破坏，此时补偿很困难。缺磷作物都表现为生长缓慢，叶色发紫、红或深绿。由于磷在植物体内容易转移，因此缺磷首先表现在老叶上。常见作物缺磷症状见表32。

表32　常见作物缺磷症状

| 作物名称 | 缺磷症状 |
| --- | --- |
| 小麦 | 分蘖减少，叶色暗绿、无光泽，苗期叶鞘显紫色，成熟延迟，籽粒不饱满 |
| 水稻 | 植株紧束呈"一炷香"株形，生长迟缓不封行。叶色及茎为暗绿色或灰蓝色，叶尖及叶缘常带紫红色，无光泽，未老先衰 |
| 玉米 | 植株瘦小，叶色大多呈明显紫红色，严重时老叶叶尖枯萎呈黄色或褐色，花丝抽出迟，雌穗畸形，穗小，结实率低，延迟成熟。果穗出现秃尖、弯曲，行列不齐，籽粒不饱满 |
| 甜菜 | 叶色暗绿，叶丛矮小，叶片较直立，后期叶缘出现红色或红棕色枯斑，并扩大直至枯死，下部叶片严重 |
| 烟草 | 苗期缺磷时烟叶变小，无光泽。移栽后生长缓慢，茎秆细小，叶片比正常叶片狭窄上竖，颜色暗绿。植株茎节缩短，上部叶片呈簇生状。严重时，下部叶片出现白色小斑点，成熟延迟 |
| 大豆 | 植株早期叶色深绿，后期底部叶的叶脉间缺绿，株形小，叶小面薄、茎硬，扬花期和成熟期延迟 |

（续）

| 作物名称 | 缺磷症状 |
|---|---|
| 花生 | 叶色暗绿，茎秆细瘦，颜色发紫，根瘤少，花少，荚果发育不良 |
| 油菜 | 出叶慢，叶片小，呈暗绿色，下部老叶茎及叶柄呈紫红色。根系发育减缓。抗逆性差，不正常早熟。籽粒不饱满，产量下降，出油率低 |
| 大白菜 | 生长不旺盛，植株矮小。叶小，呈暗绿色。茎细，根部发育细弱 |
| 结球甘蓝 | 叶片僵小而挺立，叶脉间和叶缘呈紫红色，常不能结球 |
| 芹菜 | 根系发育不良，植株矮小，自下部叶开始变黄，但嫩叶的叶色与缺氮症相比显得更浓 |
| 黄瓜 | 苗期缺磷，茎细长，叶片呈暗绿色，根系不发达，植株矮化，生长迟缓。生长期缺磷，幼叶细小僵硬，并呈深绿色，子叶和老叶出现大块水浸状斑，向幼叶蔓延，斑块逐渐变褐干枯，叶片凋萎 |
| 番茄 | 生长受抑制，叶片较正常叶短，较硬且呈深绿色。叶片失去膨压，叶缘脱水并出现水浸状斑点。叶片下垂、卷曲并发生暗紫色，最开始长出的叶片背面呈紫红色，然后发展到叶柄呈紫红色。较老叶片可变黄和出现分散的褐紫色干斑，并提早脱落 |
| 甜椒 | 植株下部叶片的叶脉发红 |
| 萝卜 | 从老叶开始变黄，但上部叶片仍保持绿色 |
| 大蒜 | 叶片前半部呈紫红色，严重缺磷时全株变成紫苗。叶尖干缩、下垂 |
| 大葱 | 叶片前半部呈紫红色，严重缺磷时全株变成紫苗。叶尖干缩、易弯曲 |
| 菜豆 | 植株矮小，发僵，出叶慢，叶少而小，叶色暗绿、无光泽 |
| 花椰菜 | 苗期叶片僵硬且挺立，无光泽，叶尖发红。叶脉间和叶缘呈紫红色。花球松，色泽灰暗呈棕褐色 |

（续）

| 作物名称 | 缺磷症状 |
| --- | --- |
| 苹果、梨 | 叶片暗绿色，老叶呈现青铜色，靠近叶缘的叶面上出现紫褐色斑点或斑块，枝条细弱，分枝少，春、夏季生长较快的枝叶呈现紫红色。苹果缺磷时，叶柄及叶背部叶脉呈紫红色 |
| 桃 | 初期全株叶片呈深绿色，常被误认为施氮过多；若此时温度较低，可见叶柄或叶背的叶脉呈红褐色或紫色，随后叶片正面呈红褐色 |
| 葡萄 | 叶片向上卷曲，出现红紫斑，副梢生长衰弱，叶片早期脱落，花序柔嫩，花梗细长，落花落果严重 |

受经验限制，人们通过外观诊断植株缺磷往往不是很准确，必须辅助植株化学分析。只有分析一定时期植株全磷含量，才能得出植株磷素营养状况的正确结果。

## （二）磷肥施用过量的危害

### 1.消耗作物储存的糖类

适量的磷肥有利植物体内干物质的转化、运输和积累，过多施用磷肥，会增强植物呼吸作用，消耗大量糖类。这会造成谷类作物无效分蘖和空壳率的增加，根量极多而短粗，繁殖器官常加速成熟，产量下降；还可能引起叶类菜纤维增多，豆科作物茎叶蛋白质含量增加，而籽粒蛋白质减少。

## 2.诱发作物微量元素缺乏症

土壤中磷过量会造成磷与微量元素间的颉颃作用，也就是高磷诱导的微量元素缺乏症，常见的是过量的磷会诱导小麦、玉米等作物缺锌。此外，高磷会抑制作物对铁的吸收和运输，也会影响作物对铜、锰等微量元素的吸收，导致作物发育不良。

## 3.增加有害元素在土壤中积累

磷肥主要来源于磷矿石，而磷矿石中含有许多杂质，其中包括镉、铅、氟等有害元素。过量施用磷肥会引起土壤中镉等有害元素的增加，其被作物吸收后，通过食物链传递会给人畜造成危害。

## 4.破坏生态环境

施用过多的有机肥和化肥，会造成土壤中磷素的富集，加之如果有高频率的灌水，土壤中富集的磷就会通过地表径流、地下径流和渗漏等途径进入地表水或地下水，引起水体磷浓度增加，导致水体富营养化。

## （三）合理施用磷肥

磷很容易被土壤固定，磷肥的当季利用率只有10% ~ 25%；但被土壤固定的磷，适当的条件如在土壤酸性和作物分泌的弱酸性分泌物的影响下，作物还能够再利用。

### 1.根据土壤性状施用磷肥

磷肥施用的重点是有效磷含量低的土壤。土壤有效磷含量多少是表征土壤磷含量高低的重要指标，有效磷含量高（>60毫克/千克）的土壤，应当少施磷肥；有效磷含量低（<30毫克/千克）的土壤，适当多施磷肥。pH<5.5时，土壤磷有效性高；pH>7.5时，土壤磷有效性降低。所以，酸性土壤可施用碱性磷肥和枸溶性磷肥，石灰性土壤优先施用酸性磷肥和水溶性磷肥。

### 2.根据作物需磷特性施用磷肥

在大田作物中，豆科作物（包括豆科绿肥作物）、十字花科作物与块根、块茎类作物及棉花等，是需磷较多的作物。禾谷类作物虽然需磷量相对较少，但小麦与玉米对磷反应敏感。此外，瓜类、茶、桑、果树等也需较多的磷。因此，在轮作中，磷肥应优先施在豆科作物、需磷较多或者对磷反应敏感的作物上，以充分发挥磷肥的肥效。在轮作中，由于越冬作物苗期处于低温条件，土壤中微生物活性和根的吸收能力均相对较弱。因此，磷肥应重点施在越冬作物上，以保证越冬作物的苗期生长，如在小麦、夏玉米轮作中，磷肥应重点施在小麦上。

### 3.根据磷肥特性合理施用磷肥

水溶性磷肥如普通过磷酸钙和重过磷酸钙等，易溶于水，可被作物直接吸收，为速效性磷肥，适于各种土壤和作物；但两者无论施在酸性土壤还是石灰性土壤上，其中的水溶性磷均易被固定。因此，在施用时应尽量施于根系附近，增加磷肥与根系接触的机会，促进根系对磷的吸收。这两种肥料也可用作叶面喷施或者滴灌施肥，但要进行过滤，因为普通过磷酸钙的水不溶物含量比较高，容易堵塞喷头与管道。磷肥还可与有机肥料混合施用，提高磷的有效性。弱酸溶性磷肥如钙镁磷肥、钢渣磷肥等，适合酸性土壤，也可基施于油菜、豆科等吸磷能力强的作物。难溶性磷肥最好与酸性肥料或生理酸性肥料混合施用，或与有机肥混合堆沤后，施于酸性土壤。

4.磷肥与其他肥料配合施用

植物按一定比例吸收氮、磷、钾等养分，只有在氮、钾营养平衡基础上，合理配施磷肥，才能有明显的增产效果。在酸性土壤和缺乏微量元素的土壤上，还需要增施石灰和微量元素肥料，才能更好发挥磷肥的施用效果。硅、磷两种元素之间有正交互作用，施用水溶性磷肥时，配合施用含硅肥料，可改善作物磷营养。此外，为减少土壤对磷的固定，磷肥最好与有机肥配合施用。

5.注重磷肥的施用方法和时期

磷肥在土壤中很少移动，容易被固定，宜采用条施、穴施、沟施、蘸秧根等相对集中施用的方法，作基肥全层施用，以及采用根外追肥等都是经济有效的磷肥施用措施。水溶性磷肥一般不宜提早施用，应尽量缩短磷肥与土壤的接触时间，以减少磷肥被土壤固定。而弱酸溶性和难溶性磷肥应适当提前施入，在播种或移栽时一次性施入作基肥较好。此外，磷肥有后效，在水旱轮作中，本着"旱重水轻"的原则分配和施用；在旱地轮作中，本着越冬作物重施、多施，越夏作物早施、巧施的原则分配和施用。

### 6.合理利用有机肥中的磷

有机肥是改良土壤、提高土壤肥力的有效手段。有机肥料能代替无机肥料补充土壤养分，但是长期大量施用有机肥，在提高土壤有机质含量水平的同时，也造成磷在土壤中富集，增大了土壤磷素的环境风险。如果设施环境土壤有效磷含量高于80毫克/千克，则不宜选择鸡、鸭粪类等含磷量高的有机肥。

## （四）常规蔬菜作物磷肥的合理用量

### 1.设施黄瓜种植磷肥用量

黄瓜生长快、结果多、喜肥，根系耐肥力弱，对土壤营养条件要求比较严格（图48）。每生产1 000千克黄瓜需从土壤中吸收磷（$P_2O_5$）0.8～0.9千克，黄瓜定植后进入生殖生长期，对磷的需要量会剧增。根据测土结果与目标产量，设施黄瓜合理推荐磷肥用量见表33。磷肥总量的2/3底施，其余在气温较低时进行追肥。

图48　设施黄瓜（杨上飞／摄）

表33　不同目标产量设施黄瓜磷肥推荐总量

| 土壤有效磷含量（毫克/千克） | 土壤磷素供应水平 | 产量水平 | | | | |
|---|---|---|---|---|---|---|
| | | <2.5 吨/亩 | 2.5～5.0 吨/亩 | 5.0～8.0 吨/亩 | 8.0～10.0 吨/亩 | 10.0～13.0 吨/亩 |
| | | 磷肥（$P_2O_5$）推荐总量（千克/亩） | | | | |
| <30 | 极低 | 8～9 | 9～10 | 13～16 | 16～21 | |
| 30～60 | 低 | 6～8 | 7～8 | 10～13 | 13～17 | |
| 60～90 | 中 | 4～6 | 4～7 | 7～10 | 10～13 | 13～17 |
| 90～130 | 高 | 2～4 | 3～4 | 4～6 | 7～10 | 10～13 |
| ≥130 | 极高 | 0 | 0 | 0 | 4～7 | 7～10 |

### 2.设施番茄种植磷肥用量

番茄是需肥较多、耐肥的茄果类蔬菜（图49）。它对氮、磷、钾的需要量以钾最多，其次是氮，磷较少。番茄对磷的吸收以植株生产前期为主，每生产

1 000千克番茄需从土壤中吸收磷（$P_2O_5$）0.5～1.0千克。根据测土结果与目标产量，设施番茄合理推荐磷肥用量见表34。磷肥总量的2/3底施，其余在气温较低时进行追肥。

图49　设施番茄（汤金仪／摄）

表34　不同目标产量设施番茄磷肥推荐总量

| 土壤有效磷含量（毫克/千克） | 土壤磷素供应水平 | 产量水平 | | | | |
|---|---|---|---|---|---|---|
| | | <3.0吨/亩 | 3.0～5.0吨/亩 | 5.0～8.0吨/亩 | 8.0～10.0吨/亩 | 10.0～13.0吨/亩 |
| | | 磷肥（$P_2O_5$）推荐总量（千克/亩） | | | | |
| <30 | 极低 | 5～7 | 8～11 | 12～16 | 16～21 | 20～27 |
| 30～60 | 低 | 3～5 | 5～8 | 8～12 | 11～16 | 13～20 |
| 60～90 | 中 | 2～3 | 4～5 | 7～8 | 8～11 | 11～13 |
| 90～130 | 高 | 1.5～2.0 | 2～4 | 4～7 | 5～7 | 7～11 |
| ≥130 | 极高 | 1.0～1.5 | 1.5～2.0 | 2～4 | 3～5 | 4～7 |

### 3.设施辣椒种植磷肥用量

辣椒养分含量高，生长期长，因而需肥量比较大

（图50）。其根系不发达，根量少，入土浅，不耐旱也不耐涝。每生产1 000千克辣椒需从土壤中吸收磷（$P_2O_5$）0.8 ~ 1.3千克。辣椒对磷的吸收随生育时期的进行而增加，但吸收量变化幅度较少。根据测土结果与目标产量，设施辣椒合理推荐磷肥用量见表35。

图50　设施辣椒

表35　不同目标产量设施辣椒磷肥推荐总量

| 土壤有效磷含量(毫克/千克) | 土壤磷素供应水平 | 产量水平 | | | | | |
|---|---|---|---|---|---|---|---|
| | | <5.0吨/亩 | 5.0~6.0吨/亩 | 6.0~8.0吨/亩 | 8.0~10.0吨/亩 | 10.0~12.0吨/亩 | ≥12.0吨/亩 |
| | | 磷肥（$P_2O_5$）推荐总量（千克/亩） | | | | | |
| <30 | 极低 | 6~8 | 8~10 | 10~12 | 12~14 | 14~20 | 20~27 |
| 30~60 | 低 | 4~6 | 6~7 | 7~9 | 9~11 | 11~15 | 15~20 |
| 60~90 | 中 | 3~4 | 4~5 | 5~6 | 6~7 | 7~10 | 10~13 |
| 90~130 | 高 | 1.5~2.0 | 2.0~2.5 | 2.5~3.0 | 3.0~3.5 | 3.5~5.0 | 5.0~6.5 |
| ≥130 | 极高 | 0 | 0 | 0 | 0~3 | 0~3 | 1~3 |

4.露地大白菜种植磷肥用量

大白菜单产高,生长迅速,对养分的需要量较多,每生产1 000千克大白菜需从土壤中吸收磷($P_2O_5$)0.4 ~ 0.9千克(图51)。大白菜苗期养分的吸收量较低,进入莲座期养分吸收速率急剧上升,结球期达到高峰。根据测土结果与目标产量,露地大白菜合理推荐磷肥用量见表36。磷肥一般作基肥施用,在大白菜定植前开沟条施,效果比撒施好。在施用畜禽类有机肥时可减少10% ~ 20%的磷肥推荐量。另外,如果磷肥穴施或者条施,也可减少10% ~ 20%的磷肥推荐用量。

图51 露地大白菜(乔仲林/摄)

表36 不同目标产量露地大白菜磷肥推荐总量

| 土壤有效磷含量(毫克/千克) | 土壤磷素供应水平 | 产量水平 | | | | |
|---|---|---|---|---|---|---|
| | | <5.0 吨/亩 | 5.0~6.5 吨/亩 | 6.5~8.0 吨/亩 | 8.0~10.0 吨/亩 | ≥10.0 吨/亩 |
| | | 磷肥($P_2O_5$)推荐总量(千克/亩) | | | | |
| <20 | 极低 | 6~7 | 6~8 | 8~10 | 10~12 | 12~14 |
| 20~40 | 低 | 4~5 | 5~6 | 6~7 | 7~8 | 8~10 |

（续）

| 土壤有效磷含量（毫克/千克） | 土壤磷素供应水平 | 产量水平 | | | | |
|---|---|---|---|---|---|---|
| | | <5.0 吨/亩 | 5.0~6.5 吨/亩 | 6.5~8.0 吨/亩 | 8.0~10.0 吨/亩 | ≥10.0 吨/亩 |
| | | 磷肥（$P_2O_5$）推荐总量（千克/亩） | | | | |
| 40~60 | 中 | 2~3 | 3~4 | 4~5 | 5~6 | 6~8 |
| 60~90 | 高 | 1~2 | 1~2 | 2~3 | 2~3 | 3~4 |
| ≥90 | 极高 | 0 | 0 | 0 | 1~2 | 1~2 |

5.露地花椰菜种植磷肥用量

花椰菜生长期长，对养分需求量大，以钾最多，氮次之，磷最少（图52）。在花球形成期需要的磷较多，每生产1 000千克花椰菜需从土壤中吸收磷（$P_2O_5$）2.1 ~ 3.9千克。根据测土结果与目标产量，露地花椰菜合理推荐磷肥用量见表37。磷肥一般作基肥施用，在花椰菜定植前开沟条施，效果比撒施好。在施用畜禽类有机肥时可减少10%~ 20%的磷肥推荐量。另外，如果磷肥穴施或者条施，也可减少10%~ 20%的磷肥推荐用量。

图52 露地花椰菜（汤金仪／摄）

表37　不同目标产量露地花椰菜磷肥推荐总量

| 土壤有效磷含量（毫克/千克） | 土壤磷素供应水平 | 产量水平 | | | | |
|---|---|---|---|---|---|---|
| | | <1.0 吨/亩 | 1.0～1.5 吨/亩 | 1.5～2.0 吨/亩 | 2.0～2.5 吨/亩 | ≥2.5 吨/亩 |
| | | 磷肥（$P_2O_5$）推荐总量（千克/亩） | | | | |
| <20 | 极低 | 4～5 | 4～5 | 4～5 | 5～6 | 6～7 |
| 20～40 | 低 | 3～4 | 3～4 | 3～4 | 4～5 | 5～6 |
| 40～60 | 中 | 3～4 | 3～4 | 3～4 | 4～5 | 5～6 |
| 60～90 | 高 | 1～2 | 1～2 | 2～3 | 2～3 | 3～4 |
| ≥90 | 极高 | 0 | 0 | 0 | 1～2 | 1～2 |

## 6.露地菠菜种植磷肥用量

　　菠菜为耐寒性速生绿叶蔬菜，生长周期短，生长速度快，产量高，需肥量大（图53）。菠菜对磷的吸收量高，每生产1 000千克菠菜平均吸收磷（$P_2O_5$）0.6～1.8千克。根据测土结果与目标产量，露地菠菜合理推荐磷肥用量见表38。磷肥以基施为主，条播菠菜最好进行条施。

图53　露地菠菜

表38　不同目标产量露地菠菜磷肥推荐总量

| 土壤有效磷含量(毫克/千克) | 土壤磷素供应水平 | 产量水平 | | |
|---|---|---|---|---|
| | | <1.5吨/亩 | 1.5～2.0吨/亩 | 2.0～3.0吨/亩 |
| | | 磷肥（$P_2O_5$）推荐总量（千克/亩） | | |
| <20 | 极低 | 4～5 | 5～6 | 6～8 |
| 20～40 | 低 | 3～4 | 4～5 | 5～7 |
| 40～60 | 中 | 2～3 | 2～3 | 3～4 |
| 60～90 | 高 | 1～2 | 1～2 | 2～3 |
| ≥90 | 极高 | 0 | 0 | 1～2 |

# 十四、科学合理施用生物肥

近年来，农民在农业生产中大量施用化肥、农药，不注重土地休耕，连作种植导致土壤质量急剧下降，一方面威胁农产品食品安全，另一方面导致土壤板结、酸化、有害物质累积，营养元素和微生物种群结构严重失衡，土壤生态环境恶化，阻碍了农业的可持续发展。生物肥的兴起，正在逐渐改变人们的施肥观念。然而在实际生产中，生物肥却没能发挥最大效用。那么究竟该如何看待生物肥，怎么更好地利用生物肥，让农民用得安心，让土壤和作物更加健康？本部分将重点介绍常用生物肥的特点、施用方法以及生物肥科学施用的注意事项，帮助农民朋友在生产中科学合理施用生物肥。

## （一）生物肥的概念

狭义的生物肥是通过微生物生命活动，使作物得到特定的肥料效应的制品，也被称为接种剂或菌肥。广义的生物肥是既含有作物所需的营养元素，又含有微生物的制品，是生物、有机、无机的结合体。它可以代替化肥，提供作物生长发育所需的各类营养元素，同时改善作物根际微生态条件，促进作物生长。

## （二）生物肥的作用

### 1.提高土壤肥力

提高土壤肥力是生物肥的主要功能之一。生物肥中有益微生物能产生糖类物质（占土壤有机质的0.1%），与植物黏液、矿物胚体和有机胶体结合在一起，可以改善土壤团粒结构，增强土壤的物理性能，提高土壤保水保肥能力；增加土壤有机质，活化土壤中的潜在养分；在一定的条件下，还能参与腐殖质形成（图54）。

图54　生物肥提高土壤肥力

### 2.有利于作物生长和增产

生物肥通过所含微生物的生命活动，增加了作物营养元素的供应量，从而改善作物营养状况，使作物增产。另外，许多生物肥中所含微生物还产生大量的各种植物生长刺激素、有机酸、氨基酸等，能够刺激和调节作物生长，使其生长健壮，改善营养状况。同时，施用生物肥对于改善农产品品质，如提高蛋白质、糖分、维生素等含量有一定作用（图55）。

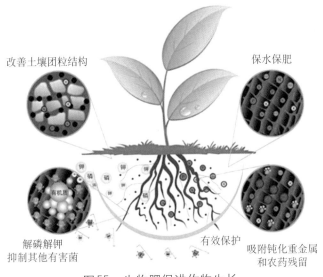

图55 生物肥促进作物生长

### 3.增强作物抗病抗逆能力

生物肥中部分菌种具有分泌抗生素和多种活性酶的功能，可抑制或杀死致病真菌和细菌，因此作物在施用生物肥后，可明显降低病害的发生。同时，生物肥还可以促进作物根际有益微生物的增殖，改善作物根际生态环境。有益微生物和抗病因子的增加，成为作物根部的优势菌，大大限制了其他病原微生物的繁殖（图56）。

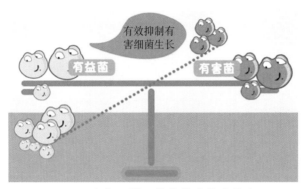

图56　生物肥增强作物抗病抗逆能力

### 4.提高化肥利用率，保护环境

生物肥在解决化肥利用率问题上有独到之处，如生物肥中所含有的多种解磷、解钾的微生物能活化被土壤固定的磷、钾等矿物营养，使之能被作物吸收利用。根据我国作物种类和土壤条件，采用生物肥与化肥配合施用，既能保证增产，又减少了化肥施用量，降低成本。而施用固氮类生物肥，不仅可以适当减少化肥的施用量，而且因其所固定的氮素直接储存在生物体内，可减少对环境的污染。

## （三）生物肥的种类及施用量

生物肥的种类较多（图57），按照制品中特定的微生物种类可分为细菌肥料、放线菌肥料、真菌肥料；按其作用机理分为根瘤菌肥料、固氮菌肥料、解磷菌肥料、硅酸盐菌肥料；按其制品内含种类分为单一的微生物肥料和复合微生物肥料。以下介绍几种常见的生物肥种类及其施用方法。

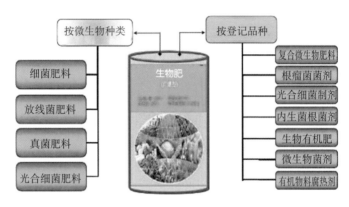

图57 生物肥的种类

## 1.微生物菌剂

微生物菌剂是指目标微生物（有效菌）经过工业化生产扩繁后，利用多孔的物质作为吸附剂（如草炭、蛭石），吸附菌体的发酵液加工制成的活菌制剂。微生物菌剂主要用作基肥、追肥、育苗肥。固态菌剂一般用量2千克/亩左右，最好与40～60千克有机肥混合均匀后作基肥施用；在作物育苗时，可将固态菌剂掺入营养土中，混匀后装入营养钵中育苗；也可将菌剂用水稀释10～20倍后拌种、蘸根、喷根；按1：100比例稀释后用于灌根、冲施；稀释500倍后进行叶面喷施。

### 2.复合微生物肥料

复合微生物肥料是由特定微生物（解磷、解钾、固氮微生物）或其他经过鉴定的两种以上互不颉颃的微生物与营养物质复合而成，是能提供、保持或改善植物营养，提高农产品产量或改善农产品品质的活体微生物制品。复合微生物肥料用作基肥 10 ～ 50 千克/亩，与有机肥或农家肥一起施入；作追肥 10 ～ 50 千克/亩，在作物生长期间追施；稀释500倍后过滤液在作物生长期间叶面喷施。

### 3.生物有机肥

生物有机肥是指特定功能微生物与主要以动植物残体（如畜禽粪便、作物秸秆等）为来源并经无害化处理、腐熟的有机物料复合而成的一类兼具微生物肥料和有机肥效应的肥料。大田作物每亩施用100 ～ 300千克，在春、秋整地时和农家肥一起施入，经济作物和设施栽培作物根据当地种植习惯可酌情增加用量；作追肥应比化肥提前7 ～ 10天追施，可按化肥作追肥等值投入。

## （四）生物肥的施用方法

生物肥根据作物种类的不同，选择不同的施肥方法。常用的施肥方法如下。

## 1.拌种

先将种子表面用水喷潮湿，然后将种子放入菌肥中搅拌，使种子表面均匀黏满菌肥即可播种。

## 2.掺入育秧土

做床式或盘式育苗时，可将菌肥拌入育苗土中堆置3天后再做成苗床或装入育苗盘；做营养钵育苗时，先将菌肥均匀拌入营养土中，再做成营养钵。

## 3.穴施

先将菌肥与湿润的细土拌均匀，施在移栽或插秧的穴内，然后移栽幼苗或插秧。

## 4.蘸根

将菌肥加适量细土和水拌成泥浆状，将移栽秧或扦插苗在浆液中浸数分钟，然后带浆移栽或扦插。

## 5.追施

将菌肥配成菌肥水溶液，浇灌在作物行间或果树周围的浅沟内，浇灌完后立即覆土。

## 6.喷施

有些液体菌肥，可作叶面肥施用。方法是加水后充分混匀，喷洒在叶片的正反面即可。

## （五）科学施用生物肥的技术要点

### 1.一季生产中仅用一次

生物菌具有较长的生命力，一般肥效长达150～180天，所以一季作物生产中施用一次即可满足作物生长发育的需求。

### 2.最大限度靠近根系

生物肥是一种活性菌，必须埋施于土壤中，不得撒施在土壤表面，一般深施7～10厘米。由于生物菌不会对作物产生烧苗、烧种现象，所以生物肥应和作物根系最大限度地接触，才能有效供给作物充分的营养，因此要均匀施入作物根系范围内。作种肥应施在种子正下方2～3厘米为宜；作追肥应最大限度靠近作物根系为好；叶面喷施，应在15时以后均匀喷施在叶片背面，预防紫外线杀死菌种。另外，要保持土壤有充足的水分，以利于生物菌的繁殖。

### 3.配合施肥效果最佳

生物肥是一种高含菌量的生物制剂，施在土壤中经过扩繁与活动才能发挥作用。微生物活动需要消耗有机质和养分，生物肥最好与有机肥混合在一起，均匀施入土壤，有利于促进生物肥发挥作用，还有利于提高土壤有机质含量。

### 4.配合使用农业技术措施

微生物的活动和繁殖对土壤的温湿度、酸碱度和土壤通气状况要求较严格。生物菌在土壤持水量30%以上、土壤温度10～40℃、pH 5.5～8.5的土壤均可施用，同时还要求土壤中能源物质和营养供应充足，从而发挥肥效互补。因此，施用生物肥，土壤要采取深耕深翻措施，搞好中耕和排涝防旱工作，还要抓好秸秆还田、增施有机肥等措施，始终保持耕作层的碳源充足和疏松湿润的环境，从而发挥微生物肥料增产增收的作用。

### 5.根据作物种类正确施用

茄果类、瓜类、甘蓝类等蔬菜，每亩可用微生物菌剂2千克与育苗床土混匀后播种育苗；保护地西瓜、番茄、辣椒等需育苗移栽的蔬菜，每亩施入复合微生物肥料50～100千克作基肥，也可与有机肥或者农家肥一起混合后作基肥，后期追施少量氮、钾肥；芹菜、小白菜等叶类菜作物，可将复合微生物肥料与种子混合均匀后一起撒播，施后及时灌水。

## （六）施用生物肥的注意事项

### 1.在有效期内选用质量有保证的产品

根据生物肥对改善作物营养元素的不同，常见的有复混微生物肥料、微生物菌剂、生物有机肥、腐熟剂、土壤调理剂5类。在选用这些肥料时，一是要注意产品是否有农业农村部颁发的登记证，包装上是否有出厂检验合格证。二是最好选用当年生产的产品，因为微生物肥料有效期国家规定保质期为6个月，一般标明1～2年；但是产品中有效微生物数量是随保存时间、保存条件的变化逐步减少的。保存时间过长使生物肥中微生物数量下降，若数量过少则起不到效果，特别是霉变或超过保质期的产品更不能选用。妥善储存以保证微生物在适宜范围内生长繁殖，要避免阳光直晒，防止紫外线杀死肥料中的微生物，储存环境的温度以15～28℃为最佳。三是避免开袋后长期不用，开袋后其他菌就可能侵入袋内，使微生物菌群发生改变，有益菌数量减少，影响其施用效果。

### 2.避免高温干旱条件下施用

在高温干旱条件下施用微生物肥料，微生物的生存和繁殖条件就会受到影响，不能发挥良好的作用，如果超过生长的适宜温度，有可能造成菌类死亡。应选择晴天的傍晚或阴天施用这类肥料，并结合覆土、灌水等措施，避免微生物肥料受阳光直射或因水分不足而不能发挥作用。

### 3.避免与未腐熟的有机肥混用

未腐熟的有机肥堆沤时会产生高温，而高温会杀死微生物，这样微生物肥料肥效可能会丧失，应避免与之混用。同时，也要避免生物肥与过碱过酸的肥料混合施用。

### 4.避免与杀菌剂、农药同时施用

化学农药都会不同程度地抑制微生物的生长和繁殖，甚至杀死微生物。如果需要施用农药，应将生物肥与农药施用时间错开。同时应注意，不能用拌过杀虫剂、杀菌剂的工具装微生物肥料。

### 5.避免盲目施用微生物肥料

大多数生物肥主要是提供有益的微生物群落，靠微生物来分解土壤中的有机质或者难溶性养分来提高土壤供肥能力，效应缓慢，不是以提供矿质营养为主。因此，微生物肥料不可能完全代替常用肥料，要保证足够的化肥或者有机肥与微生物肥料相互补充，以便充分发挥肥效。

# 十五、果树生态平衡施肥技术

目前，果树生产中盲目施肥现象相当严重。果农普遍缺乏科学施肥知识和资源环境保护意识，为了追求更高的经济效益，往往盲目增加养分投入量，造成施肥量偏大，不但对果品产量和质量的提升产生不利的影响，而且带来了一系列潜在的环境风险。为此，了解当地果树的施肥现状和养分管理存在的问题，进行生态平衡施肥是实现果树"高产高效"、增加果农收益、降低环境压力以及规范苹果产业良好发展的重要措施。

## （一）生态平衡施肥基本原理

生态平衡施肥是从农业生态学、土壤肥力及平衡施肥的三个角度出发，提出来的一种施肥技术。

农业生产是利用自然资源与保护生态环境的可持续生产。在农业生产中，由于对自然客观规律的认识有限，人们有时为了眼前的利益，违背自然生态规律，造成生态平衡失调而给农业生产带来损失，最后给人类自己造成灾难。长期以来，果农对果园的肥料投入量过大，有机肥、化肥及微生物肥料的施用失衡，已严重破坏了土壤微生物生态平衡，增强了病原菌和害虫的抗药性，出现了"增肥不增产，用药不治病"的尴尬局面。这给果品生产的可持续发展带来了许多困难，成为当前种植业生产中的瓶颈。

作物生长离不开土壤，因此保护土壤资源和提高土壤肥力是建设生态农业的基本物质基础。任何一种形式的生态农业都离不开相适应的土壤生态系统。土壤生态系统中的营养因素和环境因素是否达到最佳状态，则是生态农业能否发挥高效率的重要条件。

提到土壤，大家都不陌生，出门就可以看见。从外表看，土壤是由大小不等的土粒、碎沙，以动植物残体与分解后的物质等混合堆积而成，土粒之间有各种不同形状的孔隙，孔隙中经常充满水分和空气。所以，土壤实际上是由固体、液体和气体三种物质组成的。这三种物质相互联系、相互制约，形成一个统一体，构成了土壤肥力的物质基础。

什么是土壤肥力？土壤肥力是土壤能经常适时供给并协调植物生长所需的水分、养分、空气、温度、支撑条件和有无毒害物质的能力，包括物理肥力、化学肥力和生物肥力。

平衡施肥技术也就是所说的测土配方施肥技术，是针对经验施肥而言的。所谓的经验施肥是根据以前农业生产总结出的施肥知识，而平衡施肥是通过土壤的测定值与作物的施肥规律而确定的施肥方案。平衡施肥是综合运用现代农业科技成果，根据作物需肥规律、土壤供肥性能与肥料效益，在以有机肥为基础的条件下，提出氮、磷、钾和微量元素肥料的适宜用量、比例与相应的施肥技术。人们在考虑施肥时，常常以化肥为主，忽视了以有机肥为基础，更少顾及土壤的生物肥力。其本质是把生产目标只放在产量上，结果造成土壤退化、食物污染和品质变差、水体污染。这也是生态平衡施肥概念提出的背景。

生态型肥料是满足高产、低投、没有污染等多目标的肥料投入的最佳组合或具有以上特性的某一种具体肥料。生态平衡施肥鼓励使用生态型肥料，生态型肥料包括专用复混肥、有机肥、微生物肥、缓释肥、可控肥等。

生态平施肥的主要原则是无机肥料、有机肥料及微生物肥料之间的平衡，目标是经济效益、生态效益和社会效益的统一，重点是肥料的种类选择与合理用量的确定。它相当于国外提倡的环境经济施肥量，能够实现作物增产、降低肥料成本、改善农产品品质、减少环境和农产品的污染、培肥土壤等目标。

## （二）果树施肥存在的问题

### 1.施肥时期欠科学

不少果农不重视秋施基肥，也不重视分期施肥，这直接影响果品产量和质量。秋施基肥，一是果树可在秋季根系生长高峰期吸收储备施入的肥料；二是断伤根可及时愈合，对树势影响较小。分期施肥意义也很大，一次性施肥势必造成肥料的浪费，甚至造成肥害现象。一般来讲，施肥时期要注重秋施基肥，60%～80%的磷肥要以基肥形式施入，配合少量氮肥和钾肥，春施60%的氮肥，夏季幼果膨大期及花芽分化期追施适量的氮、磷、钾肥，大部分的钾肥应在幼果膨大期和果实着色前20天施入。

### 2.施肥深度不科学

（1）连年浅施有机肥易导致根系上浮。生产中有很多果农习惯把有机肥撒于树盘中，用铁锹或小型农机进行浅翻，这种施肥方法使20厘米以内的吸收根获得大量营养，对提高果品产量和质量有重要的意义。但连年浅施有机肥，易导致根系上浮，这些上浮的根系极易遭受冻害、旱害的影响，从而使树体在根系受害后，变得极度衰弱而难以恢复，甚至有的变成小老树。个别果农甚至采取把有机肥撒于树盘表面的施肥方式，那样效果会更差，不但起不到施肥的作用，而且会导致肥料中养分的大量流失。改进方法是：浅施和深施相结合，浅施后也可进行树盘秸秆覆盖。

（2）有机肥施入过深造成浪费。有的果农受原来稀植大冠果树施肥技术的影响，把有机肥施到50厘米以下，造成大量有机质和养分的浪费。因为大部分根系集中在距地面20～50厘米，故施有机肥的深度应为20～40厘米，才可发挥最大肥效。施入秸秆类肥料时，最好预先进行堆沤发酵，然后与表土混合后施入，来不及堆沤可分层施入，每层撒入适量的氮肥和磷肥。

（3）化肥撒施弊大于利。一是撒施氮肥会造成氮的大量挥发；二是撒施后大量肥料在表层积聚，易被草类吸收，造成浪费与杂草丛生；三是幼果期撒施碳酸氢铵类肥料，易使幼果被挥发的氨气损害，形成果锈；四是磷肥及复混肥中的磷素不易移动，撒于表面难以发挥肥效。改进方法是采用多点坑施法。原则是施到土层之内、根之上，根不见肥，肥去找根。

### 3.施肥方法单调

在果树施肥中，有的果农为了省事，将肥料直接撒施地表，然后灌水。这样一是会导致肥料挥发损失；二是灌水冲刷，造成施肥不匀，出现进水口处肥少、基部肥多；三是易引起根系上浮，使树体的抗性减弱，特别是抗旱性大打折扣。

根系是一种立体结构，如果局限于一种施肥方法，将使某些部位的根系得不到充足的营养。几种方法交替轮换或配合进行，则可最大限度地满足根系的营养需求，从而大幅度提高产量和果品质量。幼树定植时要挖大坑，施足量的有机肥，随后每年秋天进行扩穴施有机肥，直至全园普施一遍，然后再轮换进行翻施、穴施、放射沟施、环状沟施等方法。

### 4.施肥部位太集中

施肥部位太集中在生产中很普遍，不少幼树因此发生肥害，造成死根、树干干枯现象。成年树发生肥害后，常导致根系局部烧坏变褐，易引发根腐病等根部病害。改进方法是：可溶性肥料如氮肥、钾肥、微量元素肥料等，施用时可采用穴施，每穴50～100克，深度10～15厘米。施含磷等不易被溶解的肥料时，最好与有机肥混合后施入，也不能过于集中；穴施时最好与土壤混合，每穴100克左右，深度15～20厘米，穴与穴之间相距30厘米左右。

### 5.施肥量不科学

施肥标准各地很难统一，大多数果农仅凭经验及参考资料施肥，常出现施氮肥过多，造成树旺贪长成花困难；有的施磷肥过多，造成缺锌症状；有的施钾肥过多，造成缺钙镁等生理症状。化肥用量应根据目标产量和耕地质量而定，小年时施氮肥要少，大年时要保证氮、磷、钾均衡供给，满足作物对养分的需求。据山东莱阳果树站刘万亮等研究，亩产2 500千克苹果，需施有机肥3～5米$^3$；每生产100千克苹果，需要1.5千克氮、0.8千克磷、1.25千克钾，折算成肥料相当于3.26千克尿素、5千克16%过磷酸钙、2.5千克硫酸钾。

### 6.肥料搭配不合理

果树需要多种元素，其中氮、磷、钾最重要，苹果树需氮、磷、钾三要素之比为1：0.5：1。生产中不少果农只重视氮、磷的施用，忽视钾及微量元素的施用，造成果品质量难提高，大小年现象严重。要在施足有机肥的基础上，合理科学地按比例施入三要素肥料。有缺素症状的，一定要配合施有机肥，补充微量元素或根外喷施微肥。有条件的一定要测定土壤微量元素有效含量，做到缺什么补什么。

### 7.施肥和灌水配合不当

在生产中，不少果农比较重视施肥工作，但往往忽视灌水工作，虽然施肥不少，但因土壤干旱而不能最大限度地发挥肥效，因而对果品产量和质量提高造成很大程度的影响。故施肥后及时灌水十分重要，当土壤表现干旱时要及时进行灌水。缺水地区可以进行树盘秸秆覆盖，既可保持土壤水分，还可增加土壤有机质。

### 8.施用劣质肥料造成危害

生产中屡屡发生施用劣质肥料对果树产生危害的现象，应引起广大果农的高度重视。劣质化肥含量明显不足，或所含物质与标注不符、溶解性差等，施入后常使树势表现衰弱，起不到施肥应有的效果。因此，购买化肥一定要到正规的部门，要查明肥料三证是否齐全，有无省级以上的含量化验单，并切记索要正规发票。

## （三）果树施肥应坚持的原则

根据以上果树施肥存在的主要问题，果树生产中在施肥管理上要实现科学施肥，应主要做到以下几点。

### 1.坚持有机无公害的施肥原则

通过大量增施有机肥，降低化肥用量，以提高土壤有机质含量，降低生产成本。这是提高苹果产量和质量的根本途径，我国苹果生产先进地区的经验充分说明了这一点。目前，我国苹果种植面积已达200多万公顷，国内市场已经饱和，外销是今后发展的必然趋势，但其他国家出于保护本国苹果产业和食品安全考虑，设置了严格的绿色壁垒，对重金属和农药残留有严格的限制，而施用有机肥是降低苹果重金属含量、破解绿色壁垒、进入国际市场的重要措施，在生产中应高度重视。

### 2.综合考虑影响肥效的各种因素

（1）土壤养分供给状况。各地土壤肥力不一，土壤养分供应能力不同，土壤养分含量是有差异的。总体上，我国北方土壤缺氮、磷，钾含量稍高；但苹果是需钾较多的植物，生产中必须重视钾的补充。生产中应推广测土配方施肥技术，通过对果园土样的测定分析，确定果园缺啥以便补啥，缺多少以便补多少，使施肥有的放矢。

（2）树龄树势。树龄不同，生长的重点是不一样的，施肥种类和数量是有差异的。以苹果为例，幼树期（一般指栽植后到结果前这段时间），富士大约为4年，即栽植后1～4年生，树体以营养生长为主，需氮量较大；5～7年生，树体开始成花结果，向生殖生长转化，对磷、钾的需求增加；8年生以后，树体进入盛果期，对氮、磷、钾的吸收量全面增加。幼树期枝叶量少，生长需肥量少，随着树龄增加，叶量的增多，对肥料的需求增长。弱树需肥多，壮旺树需肥少，施肥时应注意这种规律。

（3）树体不同时期对养分的需求。树体在一年生长周期中，生长前期（3—5月）需氮量大，花芽分化期（6—7月）需磷量大，果实膨大期（8月后）对钾的吸收出现高峰。

（4）肥料的种类。肥料种类不同，养分含量差异较大，化肥分单一、复混（合）等形式。复混（合）肥又分为多氮、多磷、多钾、多有机质等形式，施肥时应按不同肥料特性，确定肥料的施用时期与方法。

### 3.把握好氮、磷、钾比例

幼树磷肥用量应大些，氮、磷、钾比例为1：2：1；盛果树氮、钾需要量应为磷的2倍，氮、磷、钾比例为2：1：2。

### 4.掌握好施肥时期

以苹果为例，幼树年施肥3次，分别为春季萌芽前、5—6月新梢生长时（追肥）、9月（基肥）。基肥以有机肥为主，同时施少量磷、钾肥，基肥中磷、钾肥用量占全年用量的25%。追肥以化肥为主。

结果树年施肥4次，分别在萌芽前、坐果后、果期（追肥）、9月底10月初（基肥）。施肥时应按以下配方施用：①萌芽前追肥以氮为主，促进营养生长、健壮整齐。施氮量应占全年总氮量的50%左右，施磷量占全年总磷量的25%。②坐果后以追磷、钾为主，使幼果发育和花芽分化，增加光合作用。施氮量占全年总量的25%，施磷量占全年总量的50%左右，施钾量占全年总量的30%左右。③8月果实膨大期，追肥应以氮、钾肥为主，以促进果实膨大、着色，增加含糖量，提高品质。施氮量应占全年总量的25%，施钾量占全年总量的50%，氮肥应以肥效快的碳酸氢铵为主。④9月底10月初，基肥应以有机肥为主，以补充树体营养，提高树体抗性。

### 5.采用科学的施肥方式

施肥时要增加肥料与根系的接触面积，提高肥料利用率。有灌溉条件的，在施肥后灌水加快肥料转化，以利苹果树吸收利用。肥料少的提倡集中施用，可环状、放射状、"井"字形沟施。将肥料施在树冠外围，以便树体集中吸收利用，提高肥料当季利用率。也可在果园内梅花状点施，用锹随机在果园中挖深20厘米左右的浅坑，将肥料施入，埋土灌水。在施有机肥时应适当深施，施肥深度应为30～35厘米，以引导根系下扎，促进树体对土壤深层养分的利用，提高树体的抗性，以利高产优质。

## （四）果树施肥技术

不同品种的果树，需肥规律有所差异。下面以常见的红富士苹果树为例，介绍施肥技术。

红富士苹果树对氮肥需求量较少，而对磷、钾肥需求量相对较多。结果期需氮、磷、钾比例一般为1：1：1.5；果实膨大期更不能偏施氮肥，而应增加磷、钾肥。此外，还需一定量的钙、硼、锰、锌、钼等微量元素，以保证红富士苹果树的正常生长。8月后终止施氮，可单施钾肥。调查表明，8月单施钾肥，果实着色好，而且大小年不显著。

土壤有机质含量应达到2%～3%。果园中要多施商品有机肥，一般幼树（1～3年生）每年每棵树施2～3千克，初果期（4～7年生）每年每棵树施3～4千克，盛果期（8年生以上）每年每棵树施4～5千克。

不同时期，需肥种类和施肥量也不相同。幼树期营养生长旺盛，需氮肥多，应以铵态氮肥为主，辅以适量的磷肥。盛果期因其大量结果，对磷、钾肥需求量增多，在保证氮肥用量的基础上，要增加磷、钾肥的施用量，尤其要重视钾肥的施入，以提高果品质量。衰老期在保证磷、钾肥的同时，适当增加氮肥，以促进衰老树的更新生长。

不同时期，氮、磷、钾肥需求比例不同。幼树期对氮、磷、钾的需求量随着温度上升越来越大，7—

8月达到高峰，后期逐渐减少，幼龄树施肥应是前期多后期少。盛果期对氮、磷、钾需求量从萌芽至采收一直是高而稳，施肥应是前期以氮、磷为主，钾为辅；中期以磷、钾为主，氮为辅；后期以钾为主，磷为辅。

红富士是喜钾品种。据试验，偏施氮肥的苹果树腐烂病发病率为80%，而施钾多的树发病率只有4%。因此，应提倡红富士苹果结果树多施钾肥。

对氮反应敏感，氮肥稍微过量，即引起旺长，树势转虚，影响成花、结果、着色，并且易感染腐烂病。据资料报道，红富士每生产100千克果实，全年仅需0.35～0.50千克纯氮，是一般苹果品种需氮量的1/2。

早施基肥。基肥尽可能提早到初秋采果前施入，若实在难以进行，应在采果后抓紧时间施入基肥。幼龄树每株基施商品有机肥2～3千克；盛果期树每株基施3～4千克商品有机肥，同时喷1%～2%尿素加0.5%～1.0%磷酸二氢钾。

## （五）果树节肥要点

### 1.选肥要对〝胃口〞

通俗地说，果树施肥犹如人吃饭一样，配肥师相当于烹饪大师。如果因某种肥料施得太多或偏少而"倒胃口"，树体就会出现虚旺或偏弱等"亚健康"状态。全营养平衡施肥要着力补充果园严重缺乏的有机质、中量元素和微量元素，为根系生长创造一个良好的立地条件。因为有机肥是土壤的"存折"，在沃土养根、提高化肥利用率方面发挥着重要作用。

有机肥以腐熟的纯鸡粪、羊粪、油饼、沼肥为最佳，猪粪、牛粪、农家土粪等次之，粪肥短缺或尚未腐熟时，可购买商品有机肥、菌肥等。

化肥要根据不同果树品种对不同养分的需求，需啥补啥，合理配方。苹果树全年生长发育对氮、磷、钾三要素营养虽然呈现出"高—中—高"的需求特点，但秋施基肥时应施入全年磷肥总量的80%以上。因为秋季是根系全年生长的高峰期，磷能促进植物生根，全年平稳供应。

### 2.施肥比例要对

秋季（9月）施肥，建议施用中氮高磷低钾的复混（合）肥，如$N : P_2O_5 : K_2O$为19：23：10或者$N : P_2O_5 : K_2O$为14：16：10；春季（3月）施肥，建议施用高氮中磷中钾的复混（合）肥，如$N : P_2O_5 : K_2O$为27：12：8；夏季（6月）施肥，建议施用低氮低磷高钾的复混（合）肥，如$N : P_2O_5 : K_2O$为16：8：26。

### 3.施肥要在"饭时"

同样的饭，吃在饭时人就感觉舒服，错过饭时人就觉得无味。秋季正值果树全年根系生长高峰期，根系吸收和合成的营养物质主要用于储藏，对来年萌芽、开花、坐果和新梢生长都有重要作用。因此，同样的肥料施在9—10月，就是"金银般"的价值；施在落叶后和来年春季，就会贬值成"铜铁般"的价值。

苹果树施肥的3个重要时期：春季的3月、夏季的6月和秋季的9月，从时间段上可以简称为"施肥三六九"。这三次施肥的原则：春季施保花保果肥，夏季施促花膨果肥，秋季施促根壮树肥。

### 4.肥要喂在"嘴里"

人靠嘴吃饭，树靠根吃肥，根的嘴在梢端，吸收养分的是毛细根（俗称木须根）。只有把肥料施在果树毛细根的集中分布层，才有利于根系吸收。苹果树80%的吸收根主要集中分布在树冠外围枝的垂直投影下10～50厘米的土层内，这就要求本区域应施入总肥量的80%。幼树和初结果树以环状扩盘施入最好，盛果期树可采用放射状沟施与全园撒施交替的施用方法。

### 5.施肥深浅要对

现在大多数果农施肥只挖一铁锹深度，这样施肥太浅。因为根有趋肥性，这样会导致根系上浮，根系极易遭受冻害、旱害的影响。大家都知道，根深才能叶茂。因而，施肥的深度应为20～50厘米。建议秋季30～40厘米，春季20～30厘米，夏季15～25厘米。

### 6.施肥方式要对

建议秋季条状施肥，在树冠下外围开沟，沟深30～40厘米；春季放射状施肥，在树的4个斜角开沟，沟深20～30厘米；夏季环状施肥，树冠下开环状沟，沟深15～25厘米。不论采取条状、放射状、环状施肥的哪种方式，均要开沟、覆土，严禁在果园表面直接撒施、旋施。

### 7.借墒施肥

肥料施足后，若土壤墒情不好，根系仍然不能吸收利用。因为施入土壤中的各种化肥本身没有生命、不会运动，只有溶于水中，才能被根系和叶片吸收利用。同时，果树当年吸收积累储藏的营养还与地上部枝叶的蒸腾拉力有很大关系。利用早秋叶片蒸腾拉力大和墒情好的优势，施肥后叶片蒸腾能从地下吸收大量的水分和养分，树体养分积累就多。如果土壤墒情太差，肥料有效成分再高，不能溶于水，也不能被作物利用。

## （六）正确施肥七字歌

为了帮助农民记忆理解果树施肥技术，专家们编写了正确施肥七字歌，内容如下。

果树施肥抓要点，分清季节能高产。

夏长枝叶秋长根，四季需肥要细分。

氮长枝叶树势旺，磷能促根树体壮。

钾肥增加含糖量，果实香甜色泽艳。

微量元素不可少，按需施用效果好。

春施氮肥坐果好，枝叶茂盛病虫少。

钾肥夏施利成花，果实膨大需要钾。

根据树势和果量，氮钾配合要适当。

这次肥料如施饱，来年花芽壮又好。

秋季注重施磷肥，果实增大着色好。

要想果多树势健，合理搭配就实现。

春夏氮肥催果长，秋冬磷钾最理想。

好的叶肥喷三遍，果味香甜上色艳。

套袋之前如补钙，果面光洁少病害。

# 十六、加强无害化处理，确保肥料安全和土壤健康

肥料是作物生长不可或缺的投入品。然而，肥料原料中可能含有部分有毒有害物质，若不充分无害化处理，施用后则可能危害土壤健康，甚至威胁农产品质量安全。肥料中潜在的安全隐患包括3个方面：致病生物污染、重金属污染和抗生素污染。本文对上述三类污染的污染物来源、控制技术措施及控制标准进行了总结，希望为肥料生产企业及广大农民朋友提供参考。

## （一）肥料中生物污染控制

### 1.肥料中致病生物的来源及其危害

肥料的致病生物包括肠道菌、病毒及寄生虫三大类。肠道菌以粪大肠菌群为主，包括肠球菌、肠杆菌，来自人畜消化道，残留于新鲜人畜粪便。病毒包括人畜感染的禽流感、戊型肝炎、口蹄疫、马里克氏等30余种。寄生虫主要指人畜体内排出的蛔虫卵、

毛首线虫卵、隐孢子虫和蓝氏贾第鞭毛虫、弓形虫等数十种。

上述致病生物大多可交叉感染人畜，具有很强的致病性，残存于未经腐熟或未充分腐熟的有机肥中。随着施肥致病生物进入农田土壤，在灌溉或者降水时向地表、地下水体输入，或通过空气对流释放到大气中，引发农田近水域或近地面的次生生物污染；并且可在作物根部残留，向地上部迁移，在作物的可食部位积累，造成生物污染。除了致病生物，畜禽粪肥中还可能残留根肿菌休眠孢子，进入农田后感染十字花科植物根部，引起严重的土传病害。

### 2.肥料中生物污染的控制技术

人畜粪便中的致病生物在不经任何处理的情况下可长期存在，自然堆肥也需要数月才可有效控制。因此，以含致病生物的人畜粪便为原料进行有机肥生产时，需要采用高温好氧堆肥、厌氧发酵、化学杀菌、生物技术和田间消毒等技术措施强化致病生物的无害化处理，确保有机肥的生物安全，各种技术方法详见表39。

表39　生物污染控制技术要点及优缺点

| 技术类型 | 技术要点 | 优缺点 |
| --- | --- | --- |
| 高温好氧堆肥 | 环境温度0℃以上，物料碳氮比为25～30，含水量控制在60%左右。露天堆肥必须保持55℃以上高温至少15天，且至少翻堆5次；室内封闭堆肥55℃以上高温连续保持3天以上 | 效果显著，比较耗时耗力 |

(续)

| 技术类型 | 技术要点 | 优缺点 |
|---|---|---|
| 厌氧发酵 | 杀灭不同类别致病生物所需时间相差很大，对虫卵的效果最为缓慢，通常需要40天左右才可达到90%的去除率，建议密闭厌氧发酵技术保持厌氧发酵40天以上 | 效果缓慢，耗时 |
| 化学杀菌 | （1）石灰氮处理技术：2.5%～3.0%的石灰氮反应48小时<br>（2）酸碱快速升温处理技术：3%石灰粉＋4%浓硫酸<br>（3）尿素处理技术：添加尿素可有效杀死绝大多数大肠杆菌、沙门氏菌和肠球菌 | 省时、省力，效果显著，但是会延缓有机质的腐熟进程 |
| 田间消毒 | 施用石灰调节土壤pH，有效抑制土壤中休眠孢子萌发；用石灰氮消灭土壤中病原微生物，未经堆制处理的粪便的施用期与作物收获期应间隔4个月以上 | 可能危害土壤中的土著微生物 |

### 3.致病生物控制标准

我国出台了一系列国家和行业标准，严格限定了商品肥料中粪大肠菌群和蛔虫卵死亡率的数量，规定商品有机肥、有机-无机复混肥、复合微生物肥料、生物有机肥中粪大肠菌群数应在100个/克以内，蛔虫卵死亡率达到95%以上（表40）。

表40  不同类别肥料中生物污染源指标控制标准

| 肥料种类 | 粪大肠菌群数（个/克） | 蛔虫卵死亡率（%） | 依据标准 |
|---|---|---|---|
| 有机肥料 | ≤100 | ≥95 | NY 525—2012 |
| 有机-无机复混肥 | ≤100 | ≥95 | GB 18877—2009 |

（续）

| 肥料种类 | 粪大肠菌群数（个/克） | 蛔虫卵死亡率（%） | 依据标准 |
|---|---|---|---|
| 复合微生物肥料 | ≤100 | ≥95 | NY/T 798—2015 |
| 生物有机肥 | ≤100 | ≥95 | NY 884—2012 |

## （二）肥料中重金属污染控制

### 1.肥料中重金属的来源及其危害

肥料中重金属主要来源于生产原料，化肥中重金属主要来源于磷、钾矿石。磷矿石中重金属含量相对较高，以铜和锌为主，部分矿石中镍和镉含量也较高。有机肥中重金属主要来源于畜禽粪便中微量金属和类金属饲料添加剂的残留，或者污水处理厂的污泥（国家不允许其作为有机肥原料进入农田）。污泥中细菌吸收、细菌和矿物颗粒表面吸附，以及无机盐（磷酸盐、硫酸盐）的沉淀等，常使污泥中含有大量重金属。

长期施用重金属含量超标的肥料会产生以下危害：①增加土壤重金属总量。②肥料可与土壤中金属络合或螯合形成水溶性化合物或胶体，增加重金属的可溶性。③影响作物生长和质量安全。土壤中重金属可转化为水溶态，变成作物可利用的形态，增加重金属在农产品中积累的风险。肥料中重金属输入土壤的迁移过程见图58。

添加剂

残留于畜禽粪污

直接还田
粪污

好氧堆肥后还田

厌氧发酵后还田

肥料化

向作物传递

危害农田土壤生物与土壤健康

餐桌

人体

图58　重金属在肥料—土壤—作物中的迁移过程

### 2.肥料中重金属污染的控制技术

（1）化肥中重金属污染的控制技术。化肥需要根据矿石原料中重金属含量进行工艺筛选甚至重金属预处理，流程如图59所示。

首先，需要对矿石原料的重金属含量进行初步测试，并根据原料中重金属含量确定生产工艺。对重金属含量较低的矿石，考虑运用酸法生产钙镁磷肥；对重金属含量中等的矿石，则推荐运用热法生产过磷酸钙类磷肥；对重金属含量较高的矿石，则需要进行重金属预处理后才能制作化肥。目前，比较看好的重金属处理技术是溶剂萃取法和无水硫酸钙共结晶法，但

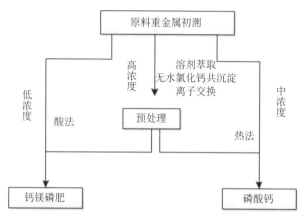

图59　磷矿石制备磷肥重金属控制策略

这两种方法成本较高。近年来，离子交换法逐渐被关注和重视。

（2）有机肥中重金属污染的控制技术。有机肥中重金属污染的控制技术包括生物发酵、生物吸附、化学活化去除、电化学法和钝化技术，详见表41。

表41　重金属污染控制技术要点及优缺点

| 技术类型 | 技术要点 | 优缺点 |
|---|---|---|
| 生物发酵 | 无论好氧还是厌氧，均需促进腐殖质形成，促使重金属由可移动态向更加稳定的低生物有效性形态转变，对有机肥原料中的重金属进行钝化固定 | 难降低重金属总量 |
| 生物吸附 | 利用芽孢杆菌、啤酒酵母菌、藻类等微生物制备生物吸附剂，吸附肥料加工原料中的重金属 | 仍处于研究阶段，多离子共吸附效果不确定 |
| 化学活化 | 肥料加工原料中加入酸（盐酸、硫酸、硝酸）、表面活性剂、有机络合剂（EDTA、柠檬酸等），促使原料中重金属向可溶态转化，然后进一步化学淋洗去除重金属 | 成本比较高 |

| 技术类型 | 技术要点 | 优缺点 |
|---|---|---|
| 电化学法 | 将电极插入粪便，施加微弱直流电形成直流电场，粪便内部的矿物质颗粒、重金属离子及其化合物、有机物等在直流电场的作用下，发生一系列复杂的反应，通过电迁移、对流、自由扩散等方式发生迁移，富集到电极两端 | 对可交换态或溶解态的重金属去除效果较好，但对不溶态的重金属首先需改变其存在状态使其溶解才能将其去除 |
| 钝化技术 | 钝化剂种类有碳酸钙、沸石、海泡石、膨润土、粉煤灰、生物炭、腐殖酸、泥炭等；用量：2.5%沸石与2.5%粉煤灰同时添加可钝化70%～80%的砷、铜、锌，7.5%海泡石或2.5%煤灰与5%磷矿石同时添加可钝化猪粪中大多数重金属 | 钝化成本较低，还可以提供给作物钙、镁等其他养分；缺点是钝化的重金属仍在有机肥中，并未从有机肥中去除。如果施入土壤后，还会增加土壤重金属的含量，且很难消除 |

### 3.重金属控制标准

为了控制肥料原料中重金属向农业生态系统的输入，我国1987年制定了城镇生活垃圾农用时砷、镉、铅、铬、汞5种重金属元素的限量标准，随后制定了有机肥料、有机-无机复混肥、复合微生物肥料、生物有机肥、水溶肥5种类型肥料中重金属限量值，并不断修改完善控制指标，主要重金属控制指标见表42。

表42 不同类型肥料的重金属控制标准

单位：毫克/千克

| 肥料种类 | 砷及其化合物(以As计) | 镉及其化合物(以Cd计) | 铅及其化合物(以Pb计) | 铬及其化合物(以Cr计) | 汞及其化合物(以Hg计) | 依据标准 |
|---|---|---|---|---|---|---|
| 有机肥料 | ≤15(干基) | ≤3(干基) | ≤50(干基) | ≤150(干基) | ≤2(干基) | NY 525—2012 |
| 有机-无机复混肥 | ≤50 | ≤10 | ≤150 | ≤500 | ≤5 | GB 18877—2009 |
| 复合微生物肥料 | ≤75 | ≤10 | ≤100 | ≤150 | ≤5 | NY/T 798—2015 |
| 生物有机肥 | ≤15(干基) | ≤3(干基) | ≤50(干基) | ≤150(干基) | ≤2(干基) | NY 884—2012 |
| 水溶肥 | ≤10 | ≤10 | ≤50 | ≤50 | ≤5 | NY 1110—2010 |

## （三）肥料中抗生素污染控制

### 1.肥料中抗生素的来源及其危害

有机肥中抗生素主要来源于畜禽饲料中兽药抗生素的使用、不完全代谢及排泄残留。畜禽养殖过程中使用的抗生素种类较多，不同类别药物的代谢程度、堆肥过程中各种抗生素分解程度差异较大，因而容易造成商品有机肥中抗生素残留。调查发现，海南省18个市102个商品有机肥中11种抗生素均被不同程度地检出，检出率为8.82%～49.02%，平均检出浓度为82～2 010微克/千克。

肥料中抗生素污染导致的危害见图60。

一是污染土壤。抗生素与黏土矿物、铁锰氧化物发生界面化学作用，或者与有机质通过氢键、疏水性分配或者静电结合而被吸附固定，在土壤中残留。

二是影响土壤健康。抗生素抑制土壤细菌生长，降低微生物对碳源的利用能力，抑制土壤酶活性，影响土壤呼吸，影响固氮菌、解磷菌、放线菌等土著微生物活动。

三是引发抗性菌和抗性基因污染。肥料中抗生素引起抗性菌和抗性基因向农田传输，土壤微生物持续暴露于抗生素中会产生抗性基因。

四是影响作物生长和农产品质量安全。抗生素会降低种子发芽率，影响作物根系生长，向作物的根部迁移，并向作物地上部运输。

图60　肥料抗生素污染可能导致的危害

### 2.肥料中抗生素污染的控制技术

鉴于集约化养殖场粪污抗生素和抗药微生物污染形势十分严峻，有必要加强肥料中抗生素在源头的控制与无害化处理，常用的处理方式包括：源头减抗、高温好氧堆肥和厌氧发酵。各种方法的效果比较见表43。

## 表43 畜禽粪污中抗生素污染控制技术

| 技术类型 | 效　果 | 技术要点 |
|---|---|---|
| 源头减抗 | 尚处于研究阶段 | 一是开发酶制剂、益生素等新型生物产品，用以替代抗生素的促生长作用。二是改善养殖场环境，降低疾病预防对抗生素的依赖。三是规范兽药抗生素使用办法，加强使用监管 |
| 好氧堆肥 | 去除效果与药物类别有关，磺胺嘧啶经过3天的堆肥可全部去除，金霉素经过21天堆肥可以全部去除，环丙沙星堆肥21天的去除率为69%～83%，泰乐菌素堆肥35天以后降解率为76%，而磺胺二甲基嘧啶在整个堆肥过程中无法被降解 | 分解程度受堆肥温度、碳氮比、氧气含量的影响。建议尽量提高堆肥温度，延长堆肥时间。对大多数抗生素而言，碳氮比为25的降解率最高，碳氮比为30的次之，碳氮比为20的最小，因此建议畜禽粪便堆肥中将初始碳氮比调节在25左右。翻堆和机械通风有利于这些抗生素药物的降解，建议堆肥过程中视温度变化适当进行翻堆2～3次 |
| 厌氧发酵 | 效果不如高温好氧堆肥，而且不同类别药物在粪污厌氧发酵中的降解程度差异很大，四环素、金霉素、土霉素在粪污厌氧发酵过程的半衰期分别为2～105天、18天和56天。粪污中磺胺嘧啶、磺胺甲基嘧啶、磺胺甲恶唑、磺胺地拖辛、甲氧苄啶、磺胺甲氧二嗪半个月的厌氧发酵几乎可以完全去除，而磺胺噻唑、磺胺二甲基嘧啶和磺胺氯哒嗪几乎无法被降解 | 建议不断补充挥发性固体，提高发酵温度进行高温发酵，延长发酵时间至60天左右 |

（1）源头减抗。养殖抗生素引起的环境和安全问题逐渐被重视，养殖业源头减抗势在必行。目前，集约化养殖场兽药抗生素替代品的寻找是世界性的难题，在我国也处于技术研发初期。受我国特殊国情的影响，一方面，需要加快生物替代品研发步伐；另一方面，当前形势下亟须加强养殖户兽药抗生素使用监管。

（2）好氧堆肥。好氧堆肥可通过水解、微生物分解、光解等多种途径去除畜禽粪便中残留兽药抗生素。常用的好氧发酵工艺包括简便式的露天条垛式堆肥、半密闭的大棚式发酵、密闭的圆筒式发酵及塔式发酵（图61）。

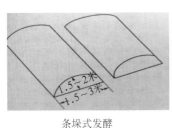

条垛式发酵

大棚式发酵

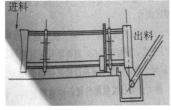

圆筒式发酵

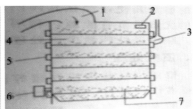

塔式发酵

图61　好氧发酵工艺

（3）厌氧发酵。厌氧发酵是集约化养殖场粪污能源化利用的典型技术类型，其粪污处理流程如图62所示。

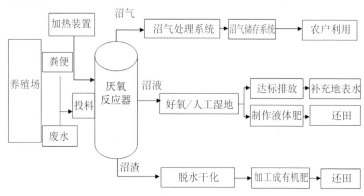

图62 典型的规模化养殖场粪污厌氧处理系统

升流式厌氧反应器（UASB）是畜禽粪便厌氧发酵的主流工艺，能处理高浓度的畜禽有机废水。该设备的基本结构如图63所示。

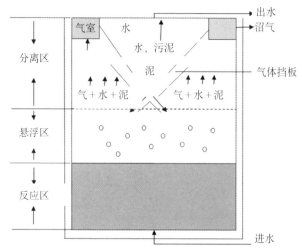

图63 升流式厌氧反应器基本结构与工作流程